# L'an zéro du tourisme

Collection *Monde en cours*


www.editionsdelaube.com

ISBN 978-2-8159-4952-1

Jean Viard
David Medioni

# L'an zéro du tourisme

Penser l'avenir
après la Grande Pandémie

suivi de

Jean Blaise

Pour que le voyage, à nouveau,
remplace le tourisme

*éditions de l'aube*
*fondation jean-jaurès*

Des mêmes auteurs,
sur le même sujet,
chez le même éditeur

Jean Viard, *Le triomphe d'une utopie ; penser les vacances et les voyages*, l'Aube, 2021

David Medioni, *Être en train; récits sur les rails*, l'Aube, 2020

« Après le temps de la sidération, des doutes, viendra l'idée d'une conscience collective que le tourisme de demain ne sera pas celui d'aujourd'hui. »

JOHANNA ROLLAND,
maire de Nantes, 2021

« On est sans cesse dans le paradoxe. Faire venir des touristes au maximum, et ensuite se dire “attention au tourisme de masse”. »

JEAN BLAISE,
directeur du Voyage à Nantes,
2021

## Préambule

Un jour, tout s'est arrêté. Avions, trains, voitures, spectacles, bars, restaurants… Chacun s'est enfermé chez lui, à Nantes comme à Marseille, à Paris comme à New York, à Wuhan comme à Saint-Tropez. Fini les voyages, les vacances, les spectacles, les McDo et les boîtes de nuit… Tous ces temples de la civilisation du loisir et du tourisme ont disparu. Chacun s'est retrouvé face à lui-même, ou face à son conjoint, à ses enfants souvent. Heureusement que nous avions inventé internet, la télévision, Amazon et les livreurs de pizzas. Et que 70 % d'entre nous ont un jardin, sans compter les 15 % qui ont une résidence secondaire. Quatre cent trente mille Parisiens ont ainsi pu quitter la ville pour fuir cet infernal virus.

Nous avions mis plusieurs siècles à construire cette civilisation du tourisme et des loisirs. Il avait fallu en inventer les codes et les plaisirs, les lieux et les saisons. L'amour du passé et de ses traces, de la nature, de la mer et de la neige, des villes, des parcs et des paysages. Il avait fallu érotiser nos vies et entretenir l'apparence de nos corps, soigner nos teints hâlés, apprendre à nager et à skier, à aller au cinéma et à manger « dehors »... La classe rentière avait, au XIXe siècle, inventé les stations puis la Côte d'Azur. Haussmann avait réorganisé les villes autour des lieux de l'éducation, du politique et des spectacles. La Ville Lumière effaça peu à peu la ville des « rencontres hasardeuses » de la nuit. La Grande Guerre télescopa toutes les cultures et tous les savoir-vivre, ouvrant à l'alternance travail/vacances, que vinrent réguler le Front populaire et les congés payés. L'après-Guerre finança le tourisme social. Le gaullisme inventa les parcs et les réserves, les plages du Languedoc et des Landes. Les maisons de la culture, aussi.

Dans cette société que peu à peu gagna la culture télévisuelle – qui vida les rues pour remplir les canapés –, on inventa encore les parcs de loisirs, l'amour de la campagne et, finalement, le tourisme urbain. Partout, alors, on ferma les bistrots pour ouvrir des restaurants, des brasseries et des lieux de culture, des McDo et des kebabs. Et les urbains ressortirent dans la ville, attirés par ce nouvel art de vivre où l'on chauffait même les terrasses extérieures en votant écolo. Les cités devinrent d'immenses Club Med, Paris Plages triompha, le vélo s'imposa. Quatre mille festivals mobilisèrent les bénévoles des villages et des provinces pour le grand bonheur des touristes. Les soixante millions de touristes internationaux de 1968 devinrent milliard en 2019.

Nous avions pris nos habitudes dans ce monde-là. Bien sûr, personne n'en avait conçu en entier le projet. Le « moteur légitime » des changements était à chercher du côté du travail, des luttes sociales, de l'allongement des études et de l'espérance de vie. De progrès en progrès, le temps de non-travail devint dominant sur le temps de travail : il suffit de consacrer à celui-ci 10 % de son existence. Alors, nous partîmes en vacances de plus en plus fréquemment, sortîmes dans la cité plusieurs soirs par semaine, construisant une majorité de maisons avec jardin à côté des villes et multipliant les résidences secondaires. Les retraités, par millions, allèrent peupler les régions de vacances. Et ceux qui ne partaient pas se sentirent de plus en plus exclus du mouvement général. Le hors-travail avait commencé à structurer le travail.

Cette société-là, construite de bric et de broc depuis un siècle et demi, s'est brusquement arrêtée au printemps 2020. Partout sur la planète. Et nous avons ainsi pris conscience de l'importance de l'économie des loisirs pour faire société dans la ville pendant le week-end ou durant les vacances. La livraison à domicile des repas comme les drives des McDo connurent un franc succès : les queues de voitures y furent interminables dès leur réouverture. Temporairement, nous adoptâmes de nouvelles habitudes : repli sur la famille, le proche, le numérique, les séries télé et la lecture, la livraison... Pour certains, la livraison du travail à domicile.

Et après ? Quand le temps « normal » reviendra, que ferons-nous ? Allons-nous, chacun, nous préparer pour une nouvelle pandémie, améliorer notre logement, déménager, revoir le sens même de notre existence ? Ces amis que nous n'avons plus vus, étaient-ils bien indispensables ? ces bises rituelles au bureau, vraiment désirées ? ces voyages lointains, ces sorties ciné ou théâtre... ? Et si nous cherchions demain un « essentiel », une vérité de soi et pour soi ? Pour un monde définitivement numérique, aimant la nature, luttant contre le réchauffement climatique ? Et la fête, alors ! dirait Jérémie Peltier[1] !

Peu à peu, nous avons compris que nous étions comme revenus à l'an zéro de la société des loisirs et du tourisme. Le silence de la ville nous obligea à réfléchir. Tout est toujours possible, bien sûr – les avions et les trains sont là, les plages et les salles de spectacle, les bars, les McDo et les restaurants. Mais pour quels usages et quels plaisirs, quelles « expériences », comme on dit aujourd'hui ? Et si nous envisagions un effet long du Covid ? Une libération du sens, de l'autonomie ? Attention ! Certes, les avions vont redécoller, il y aura des baigneurs sur les plages, des spectateurs dans les salles. Mais aussi nombreux ? Pour voir quoi ? Attend-on que tout « redevienne comme avant » ?

Les vacances, les voyages, les spectacles, les brasseries et les restaurants sont des activités essentielles mais fragiles, à l'économie incertaine. La Grande Pandémie, en imposant leur fermeture, a rendu visibles leur importance, nos attentes, nos besoins.

1. Jérémie Peltier, *La fête est finie ?*, Paris, L'Observatoire, 2021.

Ce secteur mal aimé et peu gouverné doit dorénavant être vu pour ce qu'il est : le cœur du lien social, et un moteur majeur de l'économie. Le temps est à l'invention, à penser la France comme la destination mondiale de la culture, du patrimoine, de la convivialité, de la beauté et de la nature. L'exception française doit enfin faire sens, pilotée par un grand ministère de la Culture, des Vacances, des Voyages et de la Vie urbaine. Le temps de l'économie de cueillette est terminé, celui de l'exigence, de la formation des hommes et des projets commence. Tentons le pari de faire de cette tragédie pandémique œuvre créatrice. Comprenons que c'est grâce à d'innombrables lieux de convivialité que notre société d'individus peut retrouver l'art de bien vivre ensemble.

C'est fort de ces convictions que j'ai accepté la proposition de Jean Blaise, créateur et directeur du Voyage à Nantes, de diriger, en septembre 2021, un colloque international intitulé « Le tourisme du futur » pour évaluer la situation, les tendances d'évolutions déjà là avant la Grande Pandémie, et les enjeux du redémarrage du tourisme après elle. C'est donc à Nantes que ce livre est né, pendant l'été indien. Le Voyage à Nantes est la plus belle invention touristique des vingt dernières années. Réinventer tous les ans – grâce à la célèbre ligne verte – une circulation poétique, touristique et artistique dans la ville est une prouesse magistrale qui a permis à Nantes de présenter une autre image aux yeux des Français, mais aussi, plus largement, du monde : Nantes, la ville où l'art habite la cité.

Dans ce colloque, toutes les questions autour du futur du voyage, de notre façon de nous déplacer et de « consommer » ou non des moments touristiques ont été abordées. Peut-on encore voyager si l'on veut préserver la planète ? Comment éviter qu'un lieu touristique que chacun a envie de découvrir ne devienne une épreuve à cause de la foule qui s'y presse ? Comment les politiques peuvent-ils, ou non, agir sur la question du tourisme ? Et si le tourisme relevait en fait d'une politique culturelle ?

Autant de sujets complexes, passionnants et cruciaux pour penser l'avenir de « l'utopie » touristique alors que la pandémie mondiale de Covid-19 a conduit le milliard et demi d'hommes et de femmes qui chaque année franchissaient une frontière à rester chez eux. Autant de sujets que nous avons eu envie d'explorer plus longuement dans les pages qui suivent.

Elles constituent un livre « à partir de » qui n'engage que ses auteurs, même si nous tenons à remercier les organisateurs du colloque et l'ensemble des participants qui ont nourri notre réflexion – on trouvera en annexe le programme du colloque et la liste des intervenants.

Nous sommes donc à « l'an zéro du tourisme ». « An zéro » comme dans le titre du livre d'Edgar Morin *L'An zéro de l'Allemagne*[1], c'est-à-dire lorsqu'un secteur, un territoire, a été détruit et que l'on s'interroge sur la marche à suivre pour relancer la vie. La situation du tourisme et du secteur de la culture aujourd'hui est similaire, même si, heureusement, de manière moins dramatique que dans l'Allemagne de 1946. Mais nous vivons avec la Grande Pandémie, une tragédie créatrice qui n'a pas fini de produire ses effets dans nos vies[2]. *A fortiori* dans nos vies de voyageurs et de villes touristiques.

Telle est la raison de ce livre. Un livre qui n'existerait pas sans ce colloque nantais de septembre 2021, et qui tente d'en

1. Edgar Morin, *L'an zéro de l'Allemagne*, Paris, La Cité universelle, 1946.
2. Jean Viard, *La révolution que l'on attendait est arrivée*, La Tour d'Aigues, l'Aube, 2021.

étirer les perspectives afin de brosser ce que pourrait être une véritable politique du tourisme, une politique culturelle et populaire des vacances et des voyages.

Jean Viard

# Introduction

« Il faut que tout change pour que rien ne change. » Cette phrase célèbre tirée du *Guépard*, de Lampedusa[1], est souvent utilisée pour moquer celles et ceux qui sans cesse sautent sur leur chaise comme des cabris en criant « Changement, changement » et en pensant que celui-ci va advenir. Pour une fois, cette phrase revêt un autre sens à nos yeux. Avec la pandémie de Covid-19 qui a conduit le milliard et demi de touristes qui, chaque année, franchissaient une frontière et, au-delà, six milliards d'êtres humains à rester cloîtrés chez eux, tout a changé. Profondément. Bien plus profondément encore qu'il n'est aujourd'hui possible de l'imaginer. En revanche, notre besoin, notre envie et notre désir de voyage ne varieront pas.

1. Giuseppe Tomasi di Lampedusa, *Le Guépard*, Paris, Seuil, 1959 [1958].

De cela nous sommes convaincus, car ils sont l'Humanité même.

Bien avant la Grande Pandémie, les signaux faibles d'un changement de paradigme dans le tourisme étaient percevables : le développement du *green tourisme* et du tourisme dans des écosystèmes en danger ; l'aspiration à un tourisme de proximité, au microtourisme, avec des durées de séjour parfois réduites ; la préoccupation, peut-être, de réduire ses dépenses. De diminuer les trajets en avion. Tout cela était déjà présent. Dans les strates discrètes de nos sociétés. Après l'accord de Paris sur le climat, le mouvement Flygskam, né en Suède autour du sentiment de honte à prendre l'avion à cause de la pollution générée, s'est renforcé. Bref, une dynamique nouvelle était déjà engagée, portant en elle les prémices du tourisme du futur. Ces signaux étaient plus ou moins visibles, avec plus ou moins de force ou d'acuité, mais déjà nous sentions que quelque chose était en train de bouger. Cette crise n'a fait que révéler les paradoxes dans lequel nous évoluions ; ceux, aussi, de notre modèle de production, de création, de déplacement, et de consommation. Et si de nombreux secteurs ont été touchés, le tourisme l'a été plus particulièrement que les autres.

En effet, l'Organisation mondiale du tourisme (OMT) a annoncé, en janvier 2021, que « l'année 2020 a été la pire année de l'histoire du tourisme ». Après le temps de la sidération puis celui des doutes, est donc venu celui d'une prise de conscience collective que le tourisme de demain devait évoluer.

Il est crucial de profiter du moment historique que nous vivons pour repenser en profondeur le tourisme. Non pas pour le rendre moins attractif, mais au contraire pour en faire une activité plus agréable encore. Ne nous racontons pas d'histoires : les activités touristiques et culturelles, même si la pandémie a conduit les cent dix millions de personnes qui en vivent directement ou indirectement à être privées d'activités, sont très faciles à remettre en route. Rien n'est irréparable. D'ici deux ou trois ans, notre passion de voyager, de découvrir la Terre façonnée par le génie humain, sera revenue. Intacte et inébranlable. Seulement voilà, les questionnements amplifiés et devenus prioritaires avec la pandémie nous assailliront toujours davantage. Et cela, à juste titre. Peut-être même que de cette pandémie découlera l'élaboration d'un code moral du voyage. Peut-on bloquer des dizaines de milliers de logements dans les très grandes métropoles en tant que résidences secondaires peu utilisées ? Peut-on continuer à voyager en avion quand le train est quasiment équivalent en durée de trajet ? Va-t-on inventer des avions moins polluants ? Peut-on interdire les énormes bateaux dans la lagune de Venise ? Comment aller au Louvre sans faire la queue ? Autant de questions dont les réponses ne peuvent plus attendre, justement parce que le moment pandémique nous a invités à les penser. En profondeur.

C'est tout cela qu'il convient donc de modifier, de changer, de penser sur le long terme. « Il faut que tout change ». Le problème du tourisme, jusqu'à aujourd'hui, c'est qu'il est toujours et uniquement envisagé comme un flux. Les acteurs dans leur ensemble pensent que leur but est de faire en sorte que ce flux s'accroisse constamment. Ils sont contents, ça fait du chiffre d'affaires, ça crée de l'emploi – et c'est génial –, mais comment réguler ? Quand le gouvernement disait, en 2018, qu'il visait les « cent millions de touristes étrangers », très bien, mais où les met-on ? Comment les distribue-t-on ? Comment construit-on le monde numérique du tourisme ? Est-il scandaleux, si vous voulez visiter le Louvre, d'avoir à réserver une place pour juin 2024 ? Dans votre vie, vous irez deux fois au Louvre, vous pouvez y aller dans deux ans… Il est clair que la régulation numérique des surpressions touristiques va et doit se développer.

Il est inimaginable qu'on ne sache pas gérer la surdensité d'Airbnb alors que les processus sont entièrement numériques. Tout peut être contrôlé pour empêcher, par exemple, qu'il y ait dix Airbnb dans le même immeuble ou que soit déclaré un faux Airbnb. Et pourquoi refuser les Airbnb et ne pas débattre des dizaines de milliers de résidences secondaires dans les grandes métropoles ? Un énorme travail de politique publique peut et doit être fait. En France, le ministère du Tourisme est toujours un sous-ministère alors que cette activité pèse pour près de 10 % du PIB ! Bien plus si on y associe la culture, dont les touristes sont une part importante des clientèles – en particulier pour les quatre mille festivals et les grands musées. Difficilement compréhensible. Pas de grand centre de recherche publique, peu d'investissements en recherche et développement dans les entreprises. Pourtant, c'est encore en France que la situation est la moins pire. La France, pays qui se pense comme le premier pays touristique au monde. La France, qui laisse peu à peu disparaître ses grandes entreprises de la branche avec indifférence.

La pandémie et l'effondrement du secteur touristique du fait des restrictions sanitaires ont conduit les tenants d'un tourisme raisonné et plus durable à monter au créneau ; ils tenaient à signifier qu'il fallait profiter de ce moment pour transformer le tourisme de masse, qui, en plus d'abîmer la planète, était synonyme d'une uniformisation de la société mondiale. Mais avant de tirer des conclusions hâtives et désordonnées, il convient de se pencher sur la réalité de l'effondrement touristique et sur la façon dont il a impacté les différents pays du monde. L'Organisation mondiale du tourisme fournit des chiffres éloquents[1]. En 2020, les activités touristiques internationales ont chuté de près de 73 % par rapport à 2019. Cet effondrement n'a pas affecté tout le monde de la même manière. Ainsi, la région Asie-Pacifique

1. OMT, « Tourists arrival down 87 % in January 2021 as Unwto calls for stronger coordination to restart tourism », *Unwto.org*, 31 mars 2021, cité par Jérémy Boer, « Le tourisme face à la crise sanitaire », *Cahiers français*, n° 423, septembre-octobre 2021, p. 28-37.

a perdu 84 % de ses activités touristiques, contre 69 % pour l'Europe. L'Afrique et le Moyen-Orient ont été durement touchés également, avec une baisse de 74 %. Les pays les moins avancés ont été plus impactés que les autres ; en effet, ils sont souvent plus dépendants du tourisme, qui représente chez eux environ 7 % des exportations de biens et services, dépassant ainsi la moyenne mondiale. Pour des pays comme les Maldives, ce taux peut monter jusqu'à 30 % des exportations.

Il en va de même pour les revenus des habitants des régions de tourisme. À Bali, où l'économie en dépend à 80 %, le taux de chômage a été, durant la pandémie, multiplié par cinq du fait de la fermeture de l'île. Dans les pays développés, cette baisse de fréquentation a été un moment complexe pour les travailleurs les plus vulnérables d'un secteur qui fait appel à des saisonniers et à des contrats précaires du fait des variations d'activité. Certaines stations de ski n'ont d'ailleurs pas pu ouvrir complètement, à l'hiver 2022, faute de personnel qui, après deux années sans travail, était parti vers d'autres emplois. Plus largement, les mesures gouvernementales mises en place pour soutenir l'activité économique ont évité de nombreuses faillites dans tous les secteurs, y compris dans le domaine touristique. D'autre part, certaines entreprises liées au tourisme ont fait faillite, puis ont réapparu ou se sont renflouées. Ce fut le cas, notamment, du loueur de voitures Hertz aux États-Unis, de la compagnie aérienne colombienne Avianca et de la norvégienne, Norwegian.

Des éléments qui soulignent le poids du tourisme dans nos vies et dans nos économies, et qui, selon nous, invitent à penser le nouveau tourisme avec prudence, intelligence, concertation et pragmatisme. Il est évident que le rythme d'avant la crise ne peut pas véritablement reprendre, mais il est également évident que l'on ne peut pas appuyer violemment sur le frein et tourner le volant d'un coup sec sans sortir de la route et risquer des dommages collatéraux.

Aussi, et c'est le but de cet ouvrage, il convient d'avancer dans cette nouvelle donne avec les idées claires, une bonne dose de créativité et la volonté de transformer sans détruire. Pour plusieurs raisons. D'abord parce que le tourisme en tant qu'objet d'étude scientifique et sociologique ainsi qu'en tant qu'objet économique et politique est l'un des pivots de notre conception actuelle du monde. En

1900, le travail occupait 40 % de la vie d'un homme. Aujourd'hui, nos contemporains y consacrent environ 10 % de leur vie. Ce changement complet de paradigme est induit par notre désir de découvertes. Le voyage, le tourisme et le besoin d'aller vers les autres sont au cœur de ce qui constitue aujourd'hui notre humanité[1]. Malgré une conscience écologique toujours plus grande, malgré un retour à des vacances plus près de chez soi, l'envie de l'ailleurs et des autres ne nous quittera pas. Il est donc nécessaire de s'intéresser aux moyens alternatifs et de penser à la façon dont la révolution digitale peut aider à rendre le tourisme plus raisonnable et raisonné, justement parce qu'il serait pensé non plus uniquement comme un flux, mais comme un phénomène culturel global. Nous y reviendrons.

Un autre objectif de cet ouvrage sera de montrer que l'industrie du tourisme, mais aussi tous les acteurs et actrices qui le pensent, sont d'ores et déjà à pied d'œuvre pour le rendre plus compatible avec nos exigences environnementales et, plus

1. Idée largement développée par Jean Viard dans *Le triomphe d'une utopie*, La Tour d'Aigues, l'Aube, 2021 [2015].

prosaïquement, avec nos nouvelles exigences en matière d'expérience recherchée et souhaitée. Les initiatives ne manquent pas, les idées non plus. Penser le tourisme du futur sans raconter ces énergies et ces hardiesses réduirait considérablement l'entreprise.

Penser le futur, cela ne signifie pas envisager béatement l'avenir en oubliant les pierres d'achoppement qui se présentent ou se présenteront sur le chemin. Modifier le tourisme dans son essence et réaménager le tourisme de masse engendrera inévitablement des frustrations chez les classes les plus populaires, en ce sens qu'elles auront peut-être moins accès à l'évasion touristique. Disons-le clairement et fortement : si le tourisme n'est pas envisagé comme une politique, alors cette nouvelle fracture amplifiant l'archipélisation de notre société sera inévitable et sera peut-être celle qui fera se désagréger l'ensemble.

Quand on demande aux Français ce qui leur paraît utile dans leur vie par rapport aux efforts qu'ils fournissent au travail, ils sont tous d'accord pour dire que les « vacances » sont primordiales pour eux. Qu'ils ne sont « pas prêts à y renoncer », et si d'aventure une rentrée d'argent imprévue leur parvenait, ils sont 47 % à dire qu'après l'épargne, ils l'utiliseraient pour partir en vacances. De même, à la question d'imaginer que l'année compte un mois de plus et qu'ils sont libres de l'utiliser comme ils le souhaitent, ce sont les vacances et les voyages qui sont plébiscités par nos concitoyens. Signe s'il en est que quelle que soit l'origine sociale, les vacances et les voyages sont des invariants, des envies communes – et, même, quelque chose qui nous relie les uns aux autres. Il sera donc crucial de surveiller l'évolution du tourisme dans les prochaines années pour ne léser personne et continuer de partager cela tous ensemble.

Tous ces enjeux seront abordés dans ce livre, enjeux qui furent également évoqués lors du colloque de Nantes en septembre 2021, « Le tourisme du futur ». Avec l'ambition de garder toujours à l'esprit quelques images qui forgent notre relation aux vacances et au tourisme. La photo jaunie des premières baignades des congés payés en 1936, grâce au gouvernement du Front populaire dirigé par Léon Blum. Les années 1960-1970, lorsque, avec la moyennisation de la société issue des Trente Glorieuses, de plus en plus de nos concitoyens apprirent à nager, à skier, à jouer au tennis, et découvrirent grâce aux vacances l'altérité, l'érotisme, les premiers émois, la beauté du monde. L'élan post-chute du mur de Berlin, en 1989, pour la découverte ou la redécouverte des villes de l'Est : Budapest, Prague, Cracovie, Zagreb, Split… Le développement, dans les années 1990-2000, des compagnies *low cost*, qui favorisa, en concomitance avec la libre circulation des personnes et l'avènement de la mondialisation, la création d'une urbanité planétaire et d'un commun culturel. Pour le meilleur et pour le pire. Car il conviendra également, tout au long de notre réflexion, de raison garder et de ne pas ignorer les errements induits par le verso de ces jolies images que nous chérissons.

En paraphrasant Antoine de Saint-Exupéry, l'objectif de ce livre n'est pas de prévoir l'avenir du tourisme, mais de le rendre possible. En somme, tout donner, tout penser, ici et maintenant, dans une forme de générosité pour demain. Si nous parvenons à tenir cette ligne de crête dans ces pages et à agir collectivement, alors certainement, demain, nos arrière-petits-enfants pourront exalter leurs désirs de partir.

> C'est la contemplation silencieuse des atlas, à plat ventre sur le tapis, entre dix et treize ans, qui donne ainsi l'envie de tout planter là. Songez à des régions comme le Banat, la Caspienne, le Cachemire, aux musiques qui y résonnent, aux regards qu'on y croise, aux idées qui vous y attendent... Lorsque le désir résiste aux premières atteintes du bon sens, on lui cherche des raisons. Et on en trouve qui ne valent rien. La vérité, c'est qu'on ne sait comment nommer ce qui vous pousse. Quelque chose en vous grandit et détache les amarres, jusqu'au jour où, pas trop sûr de soi, on s'en va pour de bon. Un voyage se passe de motifs. Il ne tarde pas à prouver qu'il se suffit à lui-même. On croit qu'on va faire un voyage mais bientôt c'est le voyage qui vous fait ou vous défait[1].

Et si nous explorions ensemble cette envie de tourisme qu'il nous reste ? Et si nous tentions d'y voir plus clair d'abord sur ce que représente l'industrie du tourisme, sur ses atouts et ses inconvénients, mais aussi sur ce que cela signifie symboliquement ? Il appartient aujourd'hui à tous les acteurs directs ou indirects de ce secteur de travailler à l'élaboration d'une nouvelle façon de voyager. Il s'agit de s'y

1. Nicolas Bouvier, *L'usage du monde*, Paris, La Découverte, 2014 [1963].

appliquer sereinement, en refusant les slogans faciles d'un tourisme durable qui peut apparaître parfois comme le souhait d'un tourisme à nouveau élitiste. Et en gardant à l'esprit que le tourisme, au-delà de son statut de donnée économique majeure de notre monde, et *a fortiori* de nos sociétés occidentales, est une démarche culturelle profonde.

# Première partie
# Ne pas renoncer aux voyages

# 1
# Le voyage comme philosophie de rencontre des autres

## « Habiter le monde en poésie »

« Plein de mérites, mais en poète l'homme habite sur cette terre. » Phrase tirée d'un poème de l'Allemand Holderlïn. Et si nous devenions des voyageurs poétiques ? Et si, au fond, notre appétence et notre amour des voyages étaient simplement issus de cette caractéristique humaine d'« habiter le monde en poésie » ? Commencer cet ouvrage par ce développement peut paraître incongru. Pourtant, pour réfléchir radicalement au futur du tourisme, ne faut-il pas revenir à ce qui le constitue ? À son essence profonde ?

Au commencement est donc non pas le verbe, mais l'envie de rencontrer la différence. L'envie d'une autre poésie que celle que l'on vit tous les jours. Dès le xviie siècle, le voyage est d'ailleurs une quête philosophique pratiquée par les élites cultivées, ou par des pèlerins et des prêtres. Ces populations ont en commun une idée simple : voyager pour découvrir. Pour les religieux, la découverte s'élabore à partir et autour de leurs croyances, tandis que pour les autres, le voyage est tourné vers le monde préchrétien et l'Antiquité : vers l'Italie antique d'abord, puis vers les civilisations de la Grèce et de l'Égypte. Cette recherche tend à élargir les connaissances et, plus globalement, la conscience humaine.

À l'origine, les vacances ou les voyages ont donc des visées éducatives – parfois thérapeutiques, aussi. Cette démarche fonde la philosophie du Grand Tour, cette idée anglaise qui a conduit, entre le xvie et le xixe siècle, une kyrielle de jeunes Britanniques à faire le tour de l'Europe dans le cadre d'un voyage ayant d'abord pour motif un intérêt encyclopédique pour le monde, puis, plus tard, le triptyque « air-eau-lumière et soleil ». Les voyageurs s'orientèrent alors vers la mer et/ou la montagne, ainsi que l'exposent les travaux de Philippe Duhamel, professeur et directeur du département « Tourisme et loisirs » à l'université d'Angers. Cette évolution s'est ensuite professionnalisée avec la création d'entreprises, à l'instar de Thomas Cook qui crée la première agence de voyages en 1841.

Autant d'éléments qui montrent bien que l'origine de notre tourisme est contenue tout entière dans le besoin central et crucial pour l'homme de partir ailleurs. Pour des raisons de bien-être, de spiritualité ou simplement de curiosité intellectuelle. L'avènement des compagnies d'avion *low cost* – si l'on peut contester leur poésie – est un outil supplémentaire pour assouvir ce besoin presque primaire de découverte. Nous sommes devenus sédentaires par la force des choses et par l'histoire, mais quelque chose demeure en nous de nos vies nomades. Pour continuer d'« habiter le monde en poésie ».

Dans son essai récent *Réinventer le tourisme pour sauver nos vacances sans détruire le monde*[1], l'universitaire Rémy Knafou ne dit d'ailleurs pas autre chose : « C'est dans le contexte d'une Europe vieillissante, en décroissance énergétique, dans un monde jeune et sur une

1. Rémy Knafou, *Réinventer le tourisme; pour sauver nos vacances sans détruire le monde*, Paris, Faubourg, 2021.

planète menacée, qu'il faut replacer cette réflexion sur la nécessité de réinventer le tourisme. » Et il ajoute :

> J'appartiens à la génération du *baby-boom* et à une catégorie sociale qui a trouvé dès le berceau les habitudes et les outils du voyage. Cette génération a un double devoir vis-à-vis des générations qui suivent comme des habitants du reste de la planète : contribuer à maintenir l'habitabilité de la Terre et favoriser un monde plus accueillant aux autres, en repensant un système consumériste qui touche à ses limites comme à celles de la Terre et empiète excessivement sur la marge de liberté qui fut à l'origine des premiers touristes.

Autre façon de dire « habiter le monde en poésie », c'est-à-dire en l'explorant tout en le préservant. En faisant de son immensité un outil de nos constructions.

### Ce que voyager veut dire

Au fond, ce qui se joue actuellement au sein même de l'industrie du tourisme est anthropologique : notre humanité est désormais constituée de ce que le voyage ou le concept de voyage charrient avec eux. Notre envie de voyage est sous-tendue par cette idée internationaliste que l'on peut être chez soi partout à condition de rencontrer l'autre – le village planétaire. C'est cela que le voyage, et *a fortiori* le développement du tourisme, a permis : la création d'un commun culturel de la population mondiale grâce à la rencontre. Ainsi, voyager, c'est rencontrer. Rencontrer l'autre, au sens où ce qu'il va apporter à notre propre construction sera une addition à ce que nous sommes déjà. Le voyage, et donc le tourisme, est le meilleur remède pour se prémunir des « imbéciles heureux qui sont nés quelque part », ainsi que le chantait Brassens[1]. Le voyage décentre, il permet à celui ou à celle qui l'entreprend de regarder non plus seulement son propre clocher, mais celui des autres, et en conséquence de s'enrichir de cela.

Certains rétorqueront que cette conception du voyage et du tourisme est une vision idéalisée. L'objection est recevable. À ceci près que ce n'est pas parce que l'idéal n'est pas atteint qu'il faut cesser de l'espérer. À ceci près, également, que prôner la découverte du monde pour le

1. Georges Brassens, « La ballade des gens qui sont nés quelque part », album *Fernande*, Philips, 1972.

plus grand nombre est un moyen puissant d'inciter les habitants du monde à partir à la rencontre les uns des autres. Il est faux, selon nous, de penser que cette envie est le simple fait d'Occidentaux nantis. Il nous appartient plutôt de rendre ce possible à la fois plus responsable et plus durable, mais aussi plus partagé par les habitants de la planète.

Rencontre de l'autre, acceptation de ses différences, création d'un habitus commun, tout cela est contenu dans le voyage. Tout comme est consubstantielle à l'idée de partir la dimension philosophique qui meut quiconque décide de boucler sa valise : se découvrir ou se redécouvrir soi-même en se frottant au monde. Dans cette démarche humaine qui a guidé les explorateurs, les voyageurs, les navigateurs, les écrivains voyageurs, il y a l'essence même de l'être humain, animal social qui a besoin de se décentrer pour se connaître, de rencontrer les autres et l'ailleurs pour s'affiner et devenir meilleur homme. Imaginer que l'on puisse d'un trait de plume – même pour de bonnes raisons (surtourisme, péril écologique, etc.) – rayer et annihiler cette part de lui est une illusion à laquelle il est urgent de ne pas souscrire.

En revanche, il apparaît crucial d'utiliser ce besoin humain pour redéfinir ce que voyager veut dire. Voyager, c'est rencontrer, c'est modeler son identité, c'est partir autant que revenir. C'est aussi rêver son voyage. Le lire dans les mots des autres, le voir dans les images des autres. C'est redécouvrir une forme de temps long, qu'il conviendra peut-être, nous le verrons plus loin dans ces pages, de prendre en compte dans la réinvention des politiques de tourisme pour préserver notre besoin vital de voyage. Ce besoin est tellement fort que même si, pendant les confinements successifs, les musées du monde entier ont proposé des visites en 3D et des expériences numériques immersives, l'envie de départ des gens n'a pas diminué. Comme s'il était inconcevable de voyager depuis son canapé en regardant de la 3D ou de la réalité virtuelle. De quoi inspirer les futures politiques de tourisme.

D'ailleurs, les choses ont déjà commencé de se faire. Naturellement. En effet, après la pandémie, les Français ont majoritairement décidé de redécouvrir leur propre territoire en partant plus près de chez eux, dans un rayon d'environ six cents kilomètres, et en cultivant le tourisme local. Une étude récente de l'ObSoCo pour la

Compagnies des Alpes[1] sur les Français et les vacances présente plusieurs résultats intéressants. D'abord, le fait que selon 46 % des répondants, la crise du Covid a modifié leur vision des « vacances idéales ».

On découvre ensuite que pour 44 % des Français le lieu de vacances idéal se situe en France, dans une région différente de la leur, tandis que 29 % estiment qu'il est dans un pays géographiquement et culturellement éloigné de l'Hexagone. Des chiffres qui démontrent que des constructions originales sont possibles. Voyager, partir en vacances, découvrir l'autre, sont donc toujours au cœur des préoccupations, tout comme « prendre en compte le contexte environnemental », qui joue dans 60 % des esprits au moment de décider un voyage ou des vacances. Comme si, au final, l'espace touristique qui n'a cessé de s'agrandir depuis deux siècles continuait de le faire, mais en réinvestissant l'espace proche. Intéressante évolution qui plaide, encore, pour la préservation de l'idéal de voyage tout en le réinventant. La proximité comme dépaysement possible.

---

1. L'ObSoCo (Observatoire Société & Consommation), observatoire du rapport des Français aux loisirs, enquête en ligne du 6 au 22 juillet 2020 pour la Compagnie des Alpes.

## Redéfinition de l'espace touristique

2021 aura été une année charnière dans la définition ou dans la redéfinition de l'espace touristique. L'espace touristique terrestre n'a cessé de grandir depuis le milieu des années 1980. Alors qu'en 1985 la moitié des pays du monde déclaraient ne pas recevoir de touristes, ils étaient moins de 10 % en 1995, pour n'être plus qu'une poignée infinitésimale en 2010, selon les données de l'Organisation mondiale du tourisme[1]. Notre époque signe une forme d'extension inexorable du tourisme sur l'ensemble des espaces géographiques. « L'espace touristique est devenu plus vaste que l'espace habité » par les hommes, écrit récemment Philippe Duhamel dans les *Cahiers français* consacrés au tourisme[2]. Les zones désertiques sont conquises, tout comme les zones polaires ou les archipels isolés des océans Indien et Pacifique. Comme si notre soif de découverte et d'ailleurs était inextinguible et insubmersible.

---

1. Voir <https://www.unwto.org/fr>.
2. Philippe Duhamel, « Le tourisme : lecture sur le temps et enjeux contemporains », *Cahiers français* n° 423 « Quel tourisme après la pandémie », septembre-octobre 2021, p. 16-26, ici p. 21.

Dans son livre *La Fabrique du patrimoine; de la cathédrale à la petite cuillère*[1], la sociologue Nathalie Heinich a bien démontré comment découvrir ou de redécouvrir tout ce qui a trait au passé est devenu une volonté humaine. À ce propos, elle explique la façon dont l'Unesco a inventé la liste du patrimoine immatériel de l'humanité en 2008 pour justement permettre le développement du tourisme dans de nouveaux lieux. Pour le meilleur (la soif de culture) et pour le pire (l'inflation du tourisme partout). Ainsi, aux 1 124 sites patrimoniaux référencés se sont ajoutés presque six cents nouveaux éléments aussi divers et variés que l'alpinisme ou l'art napolitain de façonner la pizza! Tout cela contribuant inévitablement à créer une nouvelle offre de tourisme répondant à une demande. Et inversement, pourrait-on dire.

L'extension de l'espace touristique va de pair avec le sentiment diffus, pour les habitants du cru, que leurs villes ou leurs villages sont considérés uniquement en fonction de leur attrait pour les touristes.

1. Nathalie Heinich, *La fabrique du patrimoine; de la cathédrale à la petite cuillère*, Paris, Maison des sciences de l'Homme, 2009.

Comme si rien d'autre ne comptait. Une réflexion urgente s'impose sur ce sentiment de ne plus pouvoir, du fait du tourisme, habiter la ville que l'on connaît. Non pas pour l'abolir, mais pour le penser politiquement. Oui, c'est une marotte. Oui, la pédagogie est une forme de répétition. Nous y reviendrons, donc.

2021, année charnière, disions-nous, en ce qui concerne l'espace touristique : en effet, de terrestre, il est devenu spatial. L'an dernier, éclipsant presque l'atterrissage d'un nouveau rover de la Nasa sur Mars ou le lancement du télescope spatial le plus puissant jamais conçu, la « course des milliardaires dans l'espace », comme elle a vite été surnommée, a captivé le monde entier. Tout en suscitant les critiques, face à une activité souvent jugée frivole – et nocive pour l'environnement. En juillet, Virgin Galactic a été la première entreprise à faire brièvement toucher l'ultime frontière à son fondateur, le Britannique Richard Branson. Quelques jours plus tard, Jeff Bezos s'envolait à bord d'une fusée de sa propre société, Blue Origin. Cette dernière a ensuite organisé deux autres missions – dont l'une ayant à son bord l'acteur William Shatner, emblématique capitaine de la série *Star Trek*. Bien plus loin de la Terre, SpaceX, la société d'Elon Musk, a propulsé dans le cosmos quatre novices durant trois jours – la première mission orbitale de l'histoire n'ayant comporté aucun astronaute professionnel à bord. La Russie a elle aussi participé aux réjouissances en envoyant dans la Station spatiale internationale (ISS) une équipe de cinéma et un milliardaire japonais – mais avec ses fusées Soyouz traditionnelles. À l'évidence, ce tourisme spatial n'est et ne sera pas destiné au grand public, du moins pour l'instant, mais il démontre, si besoin en était, que la soif d'ailleurs ne s'éteindra jamais et qu'il nous appartient de la garder bien présente à l'esprit lorsqu'il s'agit de penser la question touristique.

Autre élément marquant dans cette année 2021, l'espace touristique, en même temps qu'il devenait aérospatial, est redevenu local puisque les Français, mais pas seulement eux, ont décidé cette année-là de partir plus près de chez eux. Conséquence d'une conjoncture particulière avec une épidémie de Covid-19 pas totalement résorbée, mais aussi de l'amorce d'un changement de paradigme dans la façon d'envisager ses vacances, entre ancrage local régulièrement et destination plus lointaine exceptionnellement. Et cela n'est pas près de s'éteindre.

Cette nouvelle définition de l'espace touristique a entraîné un *boom* sans précédent des résidences secondaires. Fin 2020, la France a même atteint un record de leur nombre, celui-ci s'établissant à 3,6 millions sur le territoire. Évidemment, cela n'est pas sans incidence sur le marché immobilier local. Les prix s'emballent, dans un secteur où plus d'un quart des acheteurs ont entre 30 et 40 ans et 11 % ont moins de 30 ans, mais dont les deux tiers ont plus de 55 ans et sont déjà propriétaires de leur résidence principale. Ce dynamisme représente pour certaines villes moyennes une chance de compenser la désertification et l'exode des jeunes. Et de modifier, aussi, le rapport à l'évasion, à la notion de vacances, à la ville et à l'espace de nos envies de villégiature. Il suffit de regarder les chiffres pour prendre conscience du phénomène : quatre cent trente mille Parisiens ont quitté Paris pendant la pandémie pour gagner leurs résidences secondaires ; on estime qu'environ 2,5 millions de Français sont en train de déménager ; on a vendu 800 000 maisons en 2021 – tous ces chiffres sont discutables, on les affinera à la fin de la pandémie –, là où c'était un peu moins cher, le long des voies de chemins de fer, à moins d'une heure en train des grandes villes. Les très grandes métropoles risquent de devenir, et ce n'est pas négatif, des lieux secondaires – secondaires comme l'était la résidence du même nom, c'est-à-dire que son usage va se limiter, pour de plus en plus d'entre nous, à deux ou trois jours par semaine. À Paris, une réflexion est en cours pour favoriser la construction de modes d'habitat différents où l'on pourra accéder à un petit appartement deux jours par semaine avec ses propres affaires. Le week-end, les affaires seront retirées et l'appartement sera disponible pour les touristes ; quand l'occupant reviendra la semaine suivante pour travailler, les affaires auront été réinstallées, et ainsi de suite. L'utopie de la ville à temps partiel est en train de se matérialiser. Partout le tourisme est devenu la deuxième peau du monde et bouleverse chaque jour nos façons de vivre, d'habiter, de nous déplacer dans le réel et le virtuel. Les départs en vacances et les voyages ont plus réaménagé nos territoires que les politiques publiques depuis cinquante ans parce qu'ils sont portés par les désirs et les innovations de chacun d'entre nous.

# 2
# L'économie du tourisme fait progresser tout le monde

## Un poids économique colossal

Si le tourisme est la deuxième peau du monde d'un point de vue sociétal et culturel, il constitue aussi une deuxième peau pour l'économie occidentale et planétaire. Le tourisme représente 10 % du PIB mondial, près de 15 % des emplois. En vingt ans, le nombre de touristes transportés dans le monde a été multiplié par trois pour dépasser le cap du milliard et demi en 2019, selon les chiffres de l'Organisation mondiale du tourisme.

En France, première destination mondiale avec ses quatre-vingt-dix millions de visiteurs par an, le tourisme engendre plus de deux millions d'emplois et pèse pour plus de 7 % du PIB. Pour l'Espagne, c'est 14 %, et que dire de la Grèce où le tourisme est le deuxième pilier de l'économie, après la marine marchande ? Un pilier essentiel qui lui a permis, après de longues années de crise, de garder la tête hors de l'eau, employant une personne sur cinq et rapportant 18 points de PIB.

En effet, le tourisme peut représenter jusqu'à 25 % du PIB dans certains pays en développement – un quart de la richesse produite ! Plus précisément, dans les treize pays qui concentrent 80 % des personnes les plus pauvres, dix d'entre eux profitent d'un vaste secteur touristique. En Thaïlande, celui-ci représente 19,7 % du PIB selon les données 2019 du World Travel Council.

Dans son *Baromètre* annuel pour l'année 2019[1], la dernière « normale » avant la crise du Covid-19, l'OMT notait plusieurs éléments révélateurs du poids colossal du tourisme dans l'économie mondiale. Dans ce premier rapport de la décennie donnant un aperçu complet des chiffres et des tendances du tourisme mondial, il apparaît que 2019 a été la dixième année consécutive de croissance.

1. Toutes les citations qui suivent sont extraites de : OMT, « Le tourisme mondial consolide sa croissance en 2019 », *Unwto.org*, 20 janvier 2020, URL : <https://www.unwto.org/fr/le-tourisme-mondial-consolide-sa-croissance-en-2019>.

Toutes les régions affichent une augmentation des arrivées internationales en 2019. Toutefois, avec l'incertitude autour du Brexit, la faillite de Thomas Cook, les tensions géopolitiques et sociales et le ralentissement de l'économie mondiale, la croissance s'est tassée en 2019 par rapport aux taux exceptionnels de 2017 et de 2018. Le ralentissement s'est fait sentir principalement dans les économies avancées, en particulier en Europe et en Asie-Pacifique.

Au moment de la parution de ce *Baromètre*, et alors que la crise du Covid n'avait pas encore surgi, les prédictions de croissance étaient de 3 % à 4 % en 2020. Le secrétaire général de l'OMT, Zurab Pololikashvili, présentait même le tourisme comme une sorte de valeur refuge :

> « Dans le contexte actuel, incertain et changeant, le tourisme reste un secteur économique sur lequel on peut s'appuyer. » Alors que les perspectives économiques mondiales viennent d'être revues à la baisse, sur fond de tensions commerciales internationales, d'agitation sociale et d'incertitudes géopolitiques, « la croissance de notre secteur reste supérieure à celle de l'économie mondiale ; faisons aussi en sorte de croître mieux ».

Croître mieux. Déjà, donc, les tendances qui s'amplifient aujourd'hui suite à la crise sanitaire étaient présentes. Dans toutes les têtes, y compris dans celle des dirigeants de l'OMT.

Globalement, le tourisme est un secteur d'exportation de premier plan et un important pourvoyeur d'emplois. C'est pourquoi, dès 2019, l'OMT faisait valoir la nécessité d'une croissance responsable. Dans ce *Baromètre* 2019 décidément très intéressant, l'OMT souligne notamment que le moment est venu d'accorder une place centrale au tourisme dans les politiques de développement mondial et de lui assurer une plus grande reconnaissance politique pour qu'il produise un impact sensible dans la décennie d'action qui s'ouvre, fixant ainsi pour les dix ans à venir un programme 2030 contenant dix-sept objectifs de développement durable.

Dans le monde d'avant la pandémie, le tourisme est un secteur dynamique qui pèse et qui permet de tirer la croissance. En 2019, le Moyen-Orient a bénéficié de la plus forte augmentation des arrivées de touristes internationaux, pratiquement le double de celle de l'économie mondiale (+8 %), tandis que celle de l'Asie-Pacifique a connu un ralentissement mais est restée supérieure à la moyenne, avec une progression de 5 % des arrivées internationales. Avec une hausse de 4 %, l'Europe restait néanmoins en tête, avec 743 millions de touristes internationaux reçus (soit 51 % du marché mondial). Dans les Amériques (+2 %), la situation était variable : de nombreuses destinations insulaires des Caraïbes consolidaient leur redressement après les ouragans de 2017, mais l'agitation politique et sociale de l'Amérique du Sud avait engendré une baisse des arrivées sur le continent.

Dans son rapport annuel 2019, dernière année « ancien monde » du tourisme, l'OMT écrit :

> Le nombre de destinations qui affichent des recettes du tourisme international égales ou supérieures à 1 milliard de dollars USD a presque doublé depuis 1998. […] Notre défi est que ces retombées soient réparties le plus largement possible et qu'il n'y ait pas de laissés-pour-compte. En 2020, l'OMT célèbre l'Année du tourisme et du développement rural : nous comptons sur notre secteur pour être un moteur de changement positif en milieu rural, créer des emplois et des débouchés, tirer la croissance économique et préserver la culture.

Ainsi, ce secteur économique a été, avant la crise, l'un de ceux qui n'ont connu que de la croissance. En 1950, 25 millions de touristes internationaux, essentiellement d'Amérique du Nord et d'Europe, étaient dénombrés, pour des recettes d'environ 2 milliards de dollars. Ils étaient 278 millions à l'orée des années 1980, pour des recettes d'environ 104 milliards de dollars ; 687 millions, pour près de 500 milliards de dollars de recettes, en 2000 ; et finalement un milliard et demi de touristes en 2019, pour 1 000 milliards de dollars de recettes.

C'est dans ce contexte d'euphorie économique, de croissance ininterrompue, de recettes toujours plus importantes, mais aussi de réflexion plus globale sur l'empreinte écologique de cette industrie, qu'est survenue la crise du Covid-19 mettant le monde entier en pause. Et le tourisme en particulier.

## 2020, année noire

Si tous les secteurs économiques ont connu en 2020 une année noire du fait du Covid-19, le secteur du tourisme est peut-être celui qui a connu la plus grande déflagration. En 2020 puis en 2021, le tourisme mondial a perdu chaque année 2 000 milliards de dollars de recettes. Au total, ce sont donc 4 000 milliards de cash issus du tourisme qui se sont évaporés.

Se pencher sur ce que les années 2020 et, dans une moindre mesure, 2021 ont fait au secteur du tourisme, c'est aussi s'interroger sur la place que ce dernier occupe dans l'économie et dans nos vies. En 2019, nous l'avons vu, le tourisme générait 1 500 milliards de dollars d'exportations et représentait directement ou indirectement environ 330 millions d'emplois – soit plus d'un emploi sur dix dans le monde, selon les chiffres fournis par l'OMT.

La tempête économique subie par l'ensemble des pays qui vivent pour tout ou partie du tourisme est donc considérable. Elle touche de très nombreux États, sur tous les continents. Comme dans toute crise économique, les plus vulnérables ont payé le plus lourd tribut. Ainsi, toujours selon les chiffres de l'OMT[1], l'Asie-Pacifique a

1. OMT, « La chute des arrivées de touristes a été de 87 % en janvier 2021 et l'OMT recommande une plus grande coordination pour faire redémarrer le tourisme », *Unwto.org*, 31 mars 2021, cité par Jérémy Boer dans « Le tourisme face à la crise sanitaire », 2021, art. cité.

été plus touchée que l'Europe pour ce qui concerne le nombre d'arrivées touristiques (-84 % contre -69 %), et l'Afrique a été considérablement désertée, enregistrant une baisse de la fréquentation de 74 %, tout comme le Moyen-Orient. Les pays les plus impactés par la récession sont aussi, le plus souvent, les plus dépendants du tourisme. La crise a engendré chômage, sinistrose économique d'un secteur tributaire des fluctuations et de l'actualité, et forcément repli sur elles-mêmes de toutes les populations mondiales, avec tout ce que cela peut engendrer de positif, certes, mais de négatif et de dangereux également. Selon le Conseil mondial du voyage et du tourisme (WTTC), organisme représentant le secteur privé du voyage et du tourisme qui a tenu une réunion au sommet à Cancún, au Mexique, en avril 2021, la crise sanitaire aura engendré la perte sèche de 62 millions d'emplois à travers le monde. De quoi largement nourrir le terreau de situations dramatiques sur toute la planète.

Si l'on s'attarde quelques instants sur le cas particulier de la France, il faut d'abord constater un impact certain. Et souligner, avant d'entrer dans le détail, que les mesures d'aide gouvernementales – inexistantes, au contraire, dans d'autres pays – ont fortement contribué à sauver nombre d'entreprises du secteur. « Cette année 2020 a été un choc, c'est plus de 60 milliards d'euros de recettes qui manquent à l'appel pour le tourisme français », déclarait le secrétaire d'État chargé du Tourisme, Jean-Baptiste Lemoyne. Cette perte représente un tiers du chiffre d'affaires réalisé en 2019. Les recettes domestiques ont chuté de 29 milliards d'euros, et celles produites par les voyageurs internationaux, de 32 milliards, selon Atout France, l'agence française de développement touristique chargée de renforcer le positionnement de la destination France à l'international.

Classée au 1^er^ rang des destinations touristiques en nombre de visiteurs internationaux, la France occupe le 3^e^ rang en matière de chiffre d'affaires généré, derrière les États-Unis et l'Espagne, selon les chiffres de l'Organisation de coopération et de développement économiques (OCDE).

Fin 2019, Atout France estimait à 170 milliards d'euros les dépenses de consommation liées au tourisme sur le sol français. Le tourisme employait plus de 2 millions de salariés, dont 1,4 million d'emplois directs. Les secteurs directement liés à l'arrivée de touristes, comme l'hôtellerie et la restauration, représentaient environ 6 % du PIB.

Avant la pandémie de Covid-19, le nombre de touristes internationaux en France était en hausse de 4 % (croissance identique à la croissance mondiale). Cette même année, les hébergements collectifs français battaient un nouveau record de fréquentation avec près de 442 millions de nuitées. Globalement, la croissance du tourisme en France est régulière depuis plusieurs décennies. Le tourisme a connu des baisses d'activité, par exemple en 2015 et en 2016, à la suite des attentats, mais il était remonté au niveau de 2014 dès 2017.

Les conséquences sur l'emploi et sur les finances des entreprises du secteur sont importantes. Par exemple, l'hôtellerie a enregistré une diminution de chiffre d'affaires de plus de 50 %. Enfin, cette crise sans précédent a concerné tous les types de tourisme : de loisir, d'affaires ou culturel. Avant la crise sanitaire, l'OMT estimait à 40 % la part du tourisme culturel dans le monde. En France, cette part grimpe à 50 %. La moitié des 68,3 millions de touristes étrangers ont visité un site culturel (musée, monument historique…) lors de leur séjour en France en 2017, selon les chiffres clés 2019 publiés par le ministère de la Culture. On le sait, après la mise en œuvre des mesures de protection sanitaire, de nombreux musées (secteur patrimonial non marchand) ont été dans l'obligation de fermer leurs portes lors des périodes de confinement, puis, pour certains, d'instaurer un système de jauge entre les périodes de confinement. La plupart des grands musées français ont ainsi connu une baisse de fréquentation proche de 70 % en 2020. C'est le cas, à Paris, du musée du Louvre, dont le nombre de visiteurs a été estimé à 2,7 millions, contre 9,6 millions en 2019, ou du musée d'Orsay, qui enregistre une baisse de fréquentation de 76 %.

Or, au-delà de son importance économique, le tourisme est aussi un vecteur de culture. Toutes ces dimensions ont été battues en brèche, voire complètement redéfinies par la pandémie. C'est en cela qu'il devient urgent de réaffirmer, comme nous l'avions écrit dans *Le Triomphe d'une utopie*, que cette culture du temps libre et des vacances, cet art du voyage, sont des atouts majeurs des sociétés européennes :

> Les premiers au monde, nous avons mis en place un hors-travail d'une extrême richesse, apte à impulser une productivité

et une créativité considérables. Il y a là un fondement de notre modèle social trop souvent sous-estimé. Des pays comme le Japon y sont peu sensibles, les Américains à peine plus. Les Chinois, par contre, même si leur développement est plus récent, semblent avoir saisi la créativité de ce hors-travail. La bataille boursière, en 2014, pour le rachat du Club Méditerranée en témoigne[1].

Plus largement, si les années 2020 et 2021 ont été très compliquées pour plusieurs secteurs économiques liés directement ou indirectement à l'économie du tourisme, elles l'ont aussi été sur un grand nombre d'aspects indirects et diffus des bienfaits de cet art du voyage et des vacances sur les individus et les sociétés. Évidemment, cela est bien plus difficile à mesurer qu'un impact sur le PIB mondial ou national, mais nous avons la conviction que la disparition momentanée, pour l'humanité, de la possibilité de l'ailleurs et de la rencontre avec l'autre aura des répercussions sur des pans entiers de la vie sociale. Toutes les rencontres qui n'ont pas eu lieu sont autant de possibilités perdues de renforcer notre humanité commune.

---

1. Jean Viard, *Le triomphe d'une utopie*, 2021 [2015], *op. cit.*, p. 308.

## Le risque de « moyennisation » du monde

Repenser le tourisme suite à la pandémie est une évidence. C'est même devenu une obligation. À cette fin, il faut bien garder à l'esprit – outre son poids économique colossal – sa force d'attraction vers le haut des niveaux de vie globaux des pays qui se sont convertis au tourisme. En effet, ainsi que le qualifie le géographe Rémy Knafou, le tourisme est « une mondialisation pacifique ». Mondialisation pacifique en ce sens qu'elle permet de faire progresser le niveau de vie moyen, mais aussi de créer – nous y reviendrons – une urbanité planétaire et un commun culturel qui rapprochent tous les hommes. Selon l'étude *Faits saillants du tourisme 2019* publiée par l'OMT[1], la croissance touristique des pays émergents était deux fois plus rapide que celle des pays développés déjà familiers des bienfaits de l'industrie des vacances et des loisirs. Les raisons de cette croissance exponentielle sont nombreuses.

L'ouverture mondiale, bien sûr, mais aussi l'essor des classes moyennes. Celles-ci fournissent le gros des troupes

1. OMT, « Faits saillants du tourisme 2019 », *Unwto.org*, 21 février 2020.

des flux touristiques. Elles ont un salaire régulier, des congés payés, le désir de découvrir d'autres lieux et une espérance de vie qui s'allonge. Résultat : elles partent en vacances. Beaucoup. Un peu partout. Et dépensent durant ces loisirs une épargne destinée à se « faire plaisir » dans la découverte de l'ailleurs et du monde. Ces populations, lorsqu'elles sont interrogées, déclarent qu'elles seraient prêtes à renoncer à beaucoup de choses sauf à leur temps de loisir, donc de vacances et de voyages. L'apparition des compagnies *low cost* a également été l'un des facteurs de l'augmentation des voyages de cette classe moyenne ou moyenne supérieure.

Cette capacité des classes moyennes, qui, voilà vingt ans, ne voyageaient pas ou peu, est l'une des raisons, si ce n'est la raison majeure, de la croissance du nombre mondial de touristes et de l'avènement de cette société des vacances dans laquelle nous évoluons désormais.

Dans le numéro des *Cahiers français* de septembre-octobre 2021, la géographe et économiste Sylvie Brunel a fait les comptes et analysé dans le détail cette « moyennisation du monde » à la fois grâce au tourisme et pour le tourisme.

En 2009, les classes moyennes représentaient 27 % de la population mondiale (1,8 milliard de personnes). Elles seront 5 milliards en 2030, soit 60 % de la population mondiale. En 2015, les classes moyennes chinoises ont dépassé celles des États-Unis. Le tourisme est ainsi le premier bénéficiaire de la « moyennisation du monde ». Aux touristes internationaux s'ajoutent les touristes internes : les voyages de tourisme interne auraient atteint les neuf milliards en 2018 selon l'OMT. On les croise aux chutes d'Iguazú, dans les parcs Disney du monde entier et sur la grande muraille de Chine. Les touristes nationaux, infiniment plus nombreux que les touristes internationaux, reflètent à la fois l'enrichissement et l'urbanisation des pays du Sud[1].

Cette mondialisation pacifiste a conduit à une forme de mise en mouvement générale du monde. De très nombreuses régions se sont ainsi ouvertes à la possibilité du tourisme et à ce qu'elle implique : des opportunités de revenus pour les populations locales, une transformation

---

1. Sylvie Brunel, « Le tourisme, un atout menacé pour les pays en développement », *Cahiers français* n° 423, septembre-octobre 2021, p. 84-97, ici p. 85.

de lieux laissés en friche et une hausse globale du niveau de vie.

Les esprits chagrins critiqueront cette toujours plus grande ouverture du tourisme, au motif qu'elle conduit à une forme d'uniformisation par une standardisation des exigences, ainsi qu'à une marchandisation du monde. Ils auront en partie raison. Leurs objections sont d'ailleurs l'un des leviers qu'il faudra activer dans la nécessaire mise en œuvre d'une nouvelle charte du tourisme, notamment parce qu'elles pointent, à juste titre, les conséquences écologiques réelles et désastreuses de cette évolution. Qu'il soit permis, cependant, dans ce moment de réflexion, de redire à quel point ce tourisme de masse signifie aussi que d'anciens pauvres ont pu voyager et être accueillis par des populations qui, grâce à ces voyages, sortaient petit à petit de la pauvreté. Tout cela doit être regardé avec lucidité et équilibre dans la période de réinvention qui s'ouvre désormais. Tout comme doit être pris en compte le rôle du tourisme dans la création du commun culturel mondial. Socle d'une universalité qui – osons le dire – peut empêcher ou, du moins, retarder les affrontements du type de tous ceux qui ont jalonné l'histoire.

# 3
# Le tourisme outil du commun culturel mondial

## Une urbanité planétaire

Besoin humain de rencontre et de découverte, outil d'un développement économique puissant qui permet une hausse généralisée du niveau de vie dans les pays qui se sont tournés vers cette nouvelle logique de civilisation qu'est la société des vacances, le tourisme est aussi le symbole de la création de ce que nous appelons une « urbanité planétaire ». Nous entendons par là le fait que les vacances sont le dernier événement d'une chaîne créatrice. C'est-à-dire que les hommes eux-mêmes se sont mis en mouvement et en masse pour réintroduire la transhumance dans les sociétés hyperdéveloppées et largement sédentarisées d'aujourd'hui.

L'humanité se construit là un commun, une culture partagée, une agora extraordinaire, des amours multiples. L'internationalisme triomphe enfin, à bas bruit. En 1968, 2 % seulement de l'humanité franchissait une frontière. 2 % ! Soixante millions de Terriens. Aujourd'hui, 20 %, donc. Une humanité est en cours de construction, au-delà de ses différentes cultures, nations, couleurs et croyances. Une humanité trop masquée par la mondialisation de l'économie des objets et par les tensions autour des migrations. De cette pratique – le tourisme – inventée par des élites, nous avons fait un moyen pour nous réapproprier notre propre temps, mais aussi pour saisir le globe dans son entier. Ce faisant, nous avons découvert d'abord ce qui nous entoure au plus près, puis nous avons élargi la perspective, incorporant en chacun de nous une certaine idée de la liberté et de l'universel. À partir d'une utopie portée par des élites sociales progressistes, nous avons commencé à construire la face humaine de la mondialisation. Nous avons multiplié les lieux et les espaces familiers et mémorisés. De cela, il faut être heureux et fiers. De cela, il ne faut pas se départir, alors même qu'il est temps de repenser la façon de voyager en raison du nombre d'humains qui se déplacent et des nouvelles attentes dont la Grande Pandémie a accéléré l'émergence.

Lors du colloque de Nantes en septembre 2021, l'anthropologue Saskia Cousin, si elle souscrivait à certains bienfaits du tourisme, tempérait le propos en insistant sur le fait que le « tourisme marchandise le monde ». Il le marchandise, expliquait-elle, parce que le « tourisme s'est construit sur une histoire catholique de l'occupation, c'est-à-dire qu'il faut occuper le travailleur quand il ne travaille pas ». Et Saskia Cousin d'ajouter : « C'est lié au monde industriel : il y a les oisifs, les aristocrates, qui n'ont pas besoin de travailler, et puis le vacancier, le touriste. Et quand il est en vacances, il y a une valeur à l'occuper. Or c'est quelque chose de très paradoxal puisque l'*otium*, "le loisir, l'oisiveté", ce qui fait un homme libre, c'est justement l'inverse du *negotium* ("entreprise, affaires"). Le paradoxe se comprend si on considère l'enjeu et l'objectif de l'industrie du tourisme : la volonté à tout prix d'occuper des gens pendant leur temps libre et leur temps libéré. La plupart des gens, que veulent-ils faire quand ils sont en vacances ? Se reposer, se retrouver entre amis, dans un contexte qui peut, ou non, être différent; le plus souvent, s'ils voyagent à l'étranger, c'est parce que c'est moins cher, ou plus attractif, ou on leur a vendu le fait que c'était distinctif. Je ne cherche pas à remettre en cause le désir de voyage, mais pour beaucoup de gens, l'enjeu des vacances, c'est de se retrouver en famille et entre amis. Dans la construction et l'emprise de l'imaginaire de l'industrie aérienne et de l'industrie hôtelière, on ne regarde que l'hébergement marchand, qui ne représente que 50 % des hébergements, ce que la pandémie nous a révélé[1]. »

Cet argument est intéressant pour souligner la façon dont notre approche de la matière tourisme s'est construite. On se rappellera aussi que le tourisme a été un outil de démocratisation des sociétés – en particulier en Espagne, à la fin du franquisme. Le tourisme a ouvert l'humanité à l'altérité, en Europe puis dans le monde. C'est par la construction de cette urbanité planétaire que l'on se retrouve aujourd'hui à pleurer lorsque l'Ukraine est sauvagement attaquée par la Russie. L'urbanité planétaire est là. L'urbanité, c'est cette politesse fine et délicate, ces manières dans

1. Saskia Cousin, intervention au colloque « Le tourisme du futur », Nantes, 6 septembre 2021.

lesquelles entrent beaucoup d'affabilité naturelle et d'usage du monde. L'urbanité, c'est aussi ce qui constitue l'essence d'une ville. Nous défendons, dans cette idée que le tourisme crée une urbanité planétaire, qu'il nous apprend collectivement à mieux nous connaître et donc à mieux nous accepter les uns les autres.

Le tourisme – certes marchand, et parfois de façon complètement ahurissante et démesurée – est donc un outil de pacification du monde, de mise en commun de l'idée du beau, de la création. Le tourisme, surtout, est un moyen de mettre en œuvre une mondialisation non pas uniquement tournée vers la circulation des biens et des marchandises, mais mue aussi par la circulation libre des hommes et des femmes, des idées et des façons de vivre. Cela, n'ayons pas peur des mots, permet de construire une humanité meilleure et plus éclairée.

Meilleure et plus éclairée parce qu'elle partage des goûts, des couleurs, des différences, et des souvenirs de rencontres. C'est pourquoi le tourisme, même s'il doit se transformer, doit rester dans nos cœurs et dans nos esprits comme un outil puissant d'utopie et de création de ce que nous avons appelé le « commun culturel ».

## Le commun culturel

Autant rassurer les sceptiques tout de suite, le commun culturel, ce n'est pas l'aplanissement des différences ni l'uniformisation du monde. C'est même l'inverse, car c'est l'unicité qui attire, le dissemblable. Le voyage est comparaison, surprise, émotion face à une découverte. Ce n'est pas parce que le développement du tourisme de masse et son industrialisation ont pu générer de la standardisation et de la médiocrité que l'idée de commun culturel n'est plus valide. Au contraire. L'émotion que l'on a ressentie à Venise, à New York, à Londres ou à Berlin crée un commun, fonde le grand musée du monde, qu'il faut à tout prix sauvegarder parce qu'il est l'œuvre de l'Humanité depuis l'origine des temps vécus. C'est cela, à nos yeux, qu'il est nécessaire de défendre. Imposer la qualité et l'authenticité réelle doit devenir notre objectif dans le respect de l'art de vivre des populations locales. Le voyage, parce qu'il permet de créer un « commun » de l'humanité, est donc un ressort essentiel de la construction d'une conscience mondiale. Il devrait être une des bases de toute éducation.

Aujourd'hui, en outre, il faut unifier la planète pour lutter contre les pandémies et le réchauffement climatique. L'humanité est déjà, d'une certaine façon, unifiée – elle a des objets communs mondiaux, comme les téléphones portables, internet. Elle a pu faire cause commune pour lutter contre la pandémie de Covid-19, modifier ses comportements, produire des vaccins, parce qu'elle était déjà en réseaux et en interactions. Si le virus s'est propagé en quelques mois sur l'ensemble de la Terre, c'est bien parce que le voyage est devenu partout un acteur social à l'œuvre localement. Les épidémies des siècles précédents mettaient des années à se répandre. Mais si des milliards d'humains ont pu modifier leurs comportements, s'observer, s'imiter, se protéger et investir massivement dans la recherche de vaccins, c'est qu'au-delà de tous les conflits, des violences, des guerres, même, nous avons construit un commun de l'humanité, matériel bien sûr, informatif, technologique, numérique, mais aussi humain, physique, voyage des corps et des désirs, croisement des regards et partage des œuvres humaines. La Grande Pandémie a renforcé ce commun de manière extraordinaire, car nous nous sommes arrêtés de vivre pour sauver les plus improductifs d'entre nous, par humanisme, par amour « des vieux, des gros et des malades ». Ce triomphe des valeurs sur l'économie et le profit marque bien que notre premier lien est d'ordre culturel et philosophique. Le voyage de milliards d'humains y est pour beaucoup. Oui, on peut affirmer que le voyage, c'est la paix, et il ne faut pas l'oublier sous la pression légitime des forces de défense de la nature.

Il faut donc voyager pour comprendre le monde et pour se comprendre dans le monde – même si nous sommes sans doute, dans ce domaine, à l'an zéro d'une nouvelle ère, avec l'instauration de nouvelles formes, de nouveaux codes de voyage, plus respectueux de l'environnement, en particulier grâce au numérique. Alors qu'hier le Concorde illustrait à la perfection le mythe du voyage rapide et de courte durée – certains, les plus fortunés, faisaient l'aller-retour à New York dans la journée pour voir une exposition –, demain, les compagnies *low cost* ne pourront sans doute plus vendre de billets bon marché pour des voyages de moins d'une semaine. *Idem* pour Airbnb : une régulation de cette activité va prendre forme. Enfin, partir, cela veut aussi dire revenir. Et c'est à ce moment-là que l'on évalue sa façon de vivre, quitte à en changer. À cet égard, les confinements dus à la pandémie ont eu le même effet. Nous avons réévalué notre façon de vivre. Le confinement a ouvert grand la porte à l'idée, déjà émergente, que le dépaysement peut se faire non à trois mille kilomètres, mais près de chez soi. D'autant que l'on est passé d'une société de la fatigue du corps à une société de la fatigue de l'esprit. Il s'agit désormais de se déconnecter, et cela peut se faire à proximité.

Même si nous pensons ardemment que notre envie de voyager ne disparaîtra pas, même si nous croyons profondément aux bienfaits économiques du tourisme et que nous affirmons que le tourisme est un outil puissant de concorde universelle, nous ne croyons pas pour autant qu'il peut perdurer sous sa forme actuelle. L'enjeu, désormais, est de réinventer sans détruire. De ne pas se payer de mots et de postures en interdisant de voyager. De poser les bases concrètes, politiques, sociétales, sociales, économiques, écologiques et humaines d'un tourisme qui sera une politique avant que d'être la gestion d'un flux. Le tourisme durable, ce n'est pas la réduction des voyages – qui serait une immense régression –, mais c'est voyager autrement, à un rythme différent.

Clairement, c'est dans les gestes (voyager autrement) et dans le tempo (à un rythme différent) que nous trouverons les réponses pour construire les voyages de demain. Pour élaborer, en fin de compte, le tourisme qui correspond à l'époque. Comme à chaque fois, d'ailleurs. Depuis son émergence, le tourisme s'est toujours transformé au gré des évolutions de la technique, de la géopolitique, mais aussi, bien évidemment, des aspirations humaines.

Il ne s'agit pas seulement de remettre en route l'immense mécanique du tourisme ; il faut rénover, repenser, doper en contenus, numériser, dépolluer, démocratiser, former les salariés, organiser les flux et leur accueil. Churchill disait : « Il ne faut jamais gâcher une bonne crise. » Profitons de cet an zéro du tourisme pour fusionner tourisme et culture, voyage et éducation, jeunesse et mobilité. La France, première destination du voyage et plus ancienne nation touristique, peut là montrer l'exemple, réfléchir à la place de l'art dans les vacances, au respect de la nature et des paysages, des habitants. Affirmer un droit au voyage, mais régulé, d'une humanité unifiée comme jamais par la Grande Pandémie. L'enjeu est considérable. Nous tenterons, dans la deuxième partie de ce livre, d'en dessiner certains des contours, d'en tracer les lignes, d'en retrancher ce qui n'y a plus sa place. Pour apporter au débat, en somme, ce qui unit et ce qui désunit notre vision du tourisme et de l'art du voyage et des vacances.

# Deuxième partie
# Repenser
# notre façon de voyager

# 1
# L'enjeu environnemental

## Tourisme et développement durable : deux idées opposées, mais conciliables

Tourisme et démocratie, même combat ? Le lecteur attentif, et même celui qui est distrait, pourra s'étonner de ce parallèle entre tourisme et démocratie. Et pourtant… Dans son dernier essai, l'intellectuel « global » Yuval Noah Harari, ainsi qu'il a été défini par *Time Magazine*, explore *21 leçons pour le xxi*e *siècle*[1]. Il interroge tout. Entre autres, notre rapport à la démocratie libérale, à la confiance que l'on place en elle et à la montée des périls. Notamment écologiques. Il explique en substance, ainsi qu'il le racontait dans un entretien accordé à *Libération* fin 2019 :

1. Yuval Noah Harari, *21 leçons pour le xxi*e *siècle*, Paris, Albin Michel, 2018.

> Au cours des dernières décennies, le multilatéralisme et la coopération ont beaucoup progressé. La mondialisation a mis l'accent sur les valeurs et les intérêts communs à tous les êtres humains et favorisé, comme jamais, la libre circulation des idées, des biens, de l'argent et des personnes. Elle a rendu le monde plus pacifique et prospère, faisant sortir des centaines de millions de personnes de la misère. Pourtant, de nombreux peuples perdent confiance, les gouvernements restreignent l'immigration, censurent les idées étrangères et transforment leur pays en forteresses. Si cela continue, l'ordre global va s'effondrer[1].

Alors qu'il dressait ce tableau complexe de l'avenir du monde occidental, il ajoutait, dans un sursaut de foi dans l'avenir et d'optimisme :

> Le modèle de la démocratie libérale telle que nous l'avons connu [*sic*] au siècle dernier ne peut plus survivre encore longtemps. Mais il peut se régénérer, il a déjà su le faire. Son avantage réside dans sa souplesse et son absence de dogmatisme. Il a survécu à la Première Guerre mondiale, aux fascismes

1. Christophe Alix, « Yuval Noah Harari : "Les défis auxquels nous devons faire face se moquent des frontières" », *Libération*, 18 janvier 2019.

et au communisme. Vu sous cet angle, il y a quand même de bonnes chances qu'on trouve les moyens de le remettre en selle[1].

Loin du tourisme et du développement durable ? Pas certain. En effet, telle la démocratie mondialisée qui a peu à voir avec les poussées nationalistes qui fleurissent partout dans le monde, le tourisme dans son essence n'a que peu à voir avec les enjeux écologiques et climatiques. Pourtant, il doit trouver des voies pour conserver l'équilibre, pour perdurer dans un monde où la question écologique est désormais essentielle, voire prioritaire. Aussi, de deux idées qui peuvent paraître inconciliables, il s'agit de tirer la substantifique moelle pour les mettre en relation et les accorder.

Sur le papier, la cause est entendue : le tourisme de masse est synonyme de hordes d'individus qui s'entassent dans des avions *low cost* pour ensuite se retrouver en même temps sur les mêmes lieux naturels et les défigurer. Maya Bay, à Ko Phi Phi, en Thaïlande, rendue célèbre par le film *La Plage*[2], en est la parfaite démonstration. Plage paradisiaque aux eaux jadis

1. *Ibid.*
2. *La Plage*, film de Danny Boyle, avec Leonardo DiCaprio et Virginie Ledoyen, sorti en 2000.

cristallines, elle accueillait cinq mille visiteurs par jour, parmi lesquels un nombre croissant de Chinois. La plupart ne restaient que quelques dizaines de minutes avant de rembarquer sur des hors-bord affrétés par les multiples tour-opérateurs de la région. Cette notoriété a conduit à une catastrophe écologique. La plage a subi une érosion sévère et une grande partie des coraux a été endommagée en raison de la pollution causée par les moteurs. Abîmées par l'afflux ahurissant de touristes qui ne venaient là que pour immortaliser d'une photo leur passage sur les lieux du film, la plage et la baie ont dû être complètement interdites. Ainsi, de 2018 à 2021, l'État thaïlandais en a fermé l'accès.

Un autre exemple souvent mis en avant est celui de l'île poubelle de Thilafushi, aux Maldives, entièrement recouverte de déchets déversés par les hôtels de tourisme et hébergements d'agrément alentour. Deux sites qui illustrent presque à eux seuls les maux écologiques et environnementaux imputables et imputés en général à l'activité touristique.

Résumons : pollution de l'air par les flux de transports – avions, paquebots, voitures – ; pollution de l'eau par une mauvaise gestion des eaux usées ; pression sur la ressource hydrique, par du gaspillage et de la raréfaction ; mauvaise gestion des déchets, avec notamment des systèmes de retraitement surchargés ; dégradation ou destruction d'espaces naturels par un piétinement excessif; réduction de l'habitat de la faune sauvage et perturbation profonde de ses comportements ; dégradation des paysages par des constructions anarchiques, des équipements envahissants et l'ouverture de routes dans des espaces naturels ; déforestation ; imperméabilisation des sols par le bétonnage qui entraîne inondations et glissements de terrain. La barque est donc chargée ; les reproches, souvent justifiés, et l'impact environnemental de l'activité touristique, réel.

Sans oublier cependant que si le tourisme n'existait pas, les hommes se livreraient à d'autres activités, elles aussi polluantes et destructrices. Usines, champs, commerces, loisirs…, occuperaient les lieux et les transformeraient. Certes, le tourisme est plus décrié que bien d'autres activités, car il semble moins nécessaire à la survie. Et le touriste est par définition un étranger, voisin mental du réfugié ou du migrant. Souvent, ce sont les pensées de gauche qui critiquent le tourisme, là où celles de droite attaquent le réfugié et le migrant – à chacun son étrange étranger. Attention, donc, aux arguments d'évidence. Demeurent des problèmes réels de surtourisme et de dégradation, y compris morale avec les prostitutions. Problèmes de plus en plus intenses au fur et à mesure que l'humanité accède, et accédera, aux voyages. Pourtant, si la cause est entendue, l'arrêt forcé dû au Covid permet de mieux estimer les manques que cet arrêt a créés, et conduit à redémarrer en essayant de ne pas reproduire exactement la même chose qu'auparavant.

## Étendre la période touristique

L'un des paradoxes de la façon d'envisager le tourisme est qu'il s'agit d'attirer toujours plus de monde, alors que les lieux ne sont pas toujours faits pour et qu'une surfréquentation constitue toujours une très mauvaise expérience pour le visiteur. Tous les sites touristiques du monde se réjouissent d'avoir accru d'année en année le nombre de visiteurs. C'est normal, et c'est humain. Même au Voyage à Nantes – l'une des plus belles inventions touristiques de ces vingt dernières années, qui nous fait circuler dans toute la ville et qui tente un savant mélange de manifestations artistiques dans l'hypercentre et à la quasi-périphérie –, les organisateurs se félicitent d'avoir toujours plus de fréquentation. « J'ai l'habitude de dire que depuis 2010, nous avons galopé sans cesse, sans s'arrêter, et peut-être parfois sans penser à la décennie suivante. En même temps, c'était fort, c'est une grande dynamique. Des résultats évidents, visibles. En dix ans, nous avons multiplié par deux le tourisme d'agrément. Quand la pandémie est arrivée, déjà nous nous interrogions un peu différemment. Jusqu'où allions-nous continuer à galoper ? Nous nous sommes dit que nous allions commencer à réfléchir sur ce qu'il convenait de mettre en place pour la suite », détaillait Jean Blaise, le fondateur du Voyage à Nantes, lors du colloque « Le tourisme du futur »[1]. Le premier changement de paradigme à d'opérer est donc peut-être un changement dans la façon de mesurer le tourisme et son succès.

Faut-il toujours répartir le tourisme entre haute et basse saison ? Nombre de professionnels sont déjà en train de répondre à cette question en encourageant des arrivées tout au long de l'année grâce à des opérations marketing d'incitation.

1. Colloque « Le tourisme du futur », Nantes, 6 septembre 2021.

Sont tentées aussi des opérations de marketing dissuasif, comme ce fut le cas à l'été 2021 par le parc national des Calanques de Marseille, avec des images montrant des plages bondées, des parkings surchargés et des bouchons partout.

Ces initiatives sont intéressantes parce qu'elles invitent à voir différemment ce que nous recherchons dans le tourisme. Cela dit, elles restent marginales et ne peuvent pas tenir lieu de politique globale du tourisme. Sauf à ce qu'elles soient, enfin, conçues ainsi. En effet, si l'on dissuade les voyageurs de venir durant la période de haute saison et que l'infrastructure compte sur celle-ci pour réaliser son chiffre d'affaires, on met en péril tout un secteur de l'économie. À l'inverse, si les hôtels et les restaurants restent ouverts pendant la basse saison et sont vides parce que les temps de vie n'ont pas été organisés pour cela, alors un fossé se creuse entre l'offre et la demande.

Au fond, la question de l'élargissement de la période touristique et de la réappropriation des temps de vacances est très intéressante. C'est peut-être même la dimension capitale. La bataille la plus importante. La pierre angulaire de l'édifice. Elle implique une réflexion globale sur les questions du climat, de la politique de tourisme d'un pays, et aussi – forcément – des temps de l'Éducation nationale. Quand nous insistons sur le présupposé que le tourisme doit impérativement être une politique globale entre économie, culture et éducation, ce n'est pas une posture. C'est aussi et surtout parce que cela entraîne ou non des transformations concrètes sur le terrain.

En exemple de ces modifications tangibles, Pascale Schuddings, responsable régionale du tourisme dans la région Flandre, a présenté l'initiative belge « Tourism transforms », lors du colloque de Nantes[1]. Ainsi, a-t-elle expliqué, si la Flandre ne vit pas du tourisme, cette activité représente tout de même 20 000 entreprises qui en vivent et 270 000 emplois. La Flandre pilote, entre autres, le tourisme dans la ville de Bruges, qui, entre 2000 et 2011, a vu son nombre de visiteurs annuels passer de 7 millions à 11 millions. Une croissance exponentielle qui « pourrait perdre la ville », selon Pascale Schuddings. De quoi inciter à

1. Pascale Schuddings, intervention au colloque « Le tourisme du futur », Nantes, 6 septembre 2021.

réfléchir et à repenser la façon de mesurer le succès du tourisme, mais aussi et surtout à tester de nouvelles solutions. C'est dans la résolution d'un autre problème que la Flandre, et par-devers cela la Belgique, va tirer quelques enseignements qui peuvent être bénéfiques à tout le monde.

En effet, la Flandre a également à gérer la commémoration de la fin de la guerre 14-18 dans une toute petite ville nommée Ypres, située au nord de Lille et qui reçoit chaque année à peu près 350 000 visiteurs, essentiellement en provenance du Commonwealth – Néo-Zélandais et Canadiens pour qui Ypres représente une forme de pèlerinage. Le ministère de la Culture belge a alors décidé d'investir massivement dans la satisfaction des visiteurs. « Je pense qu'on a investi 18 millions en se disant : "Il faut que celui qui revient, le *repeat visitor*, puisse avoir une expérience durable." On savait aussi que la ville n'avait pas la capacité hôtelière, qu'elle n'allait jamais pouvoir faire face à cette demande », expose ainsi la responsable du tourisme en Flandre. Elle ajoute que ces investissements, s'ils ne tiennent pas compte de la population locale, sont peut-être vains.

Et de poursuivre : « On peut mesurer le nombre de visiteurs et s'en satisfaire, mais ce que l'on ne peut pas quantifier, en revanche, c'est ce que les gens ressentent. Donc, nous avons fait appel à un "sensemaker". C'est une pratique assez récente qui consiste à aller écouter les gens et à classer les mots que vous entendez dans un cercle qui va déterminer ce qui lie ces gens entre eux. Le tourisme, pour nous aujourd'hui, n'est pas une fin en soi, c'est la grande leçon qu'on en a tirée, mais un moyen pour parvenir à ce que toutes ces personnes – que ce soit le visiteur, le résident, l'entrepreneur… – se sentent dans un équilibre, qu'il y ait une balance pour que ce qu'on appelle une *flourishing community*, une « communauté florissante », s'épanouisse. »

Allier population locale et population de tourisme. Créer une communauté d'esprit et de partage. Équilibrer les aspirations des uns et des autres. Ainsi, la Flandre a travaillé à la transformation participative des lieux touristiques. Les habitants locaux sont invités à donner des avis, à réfléchir à la meilleure façon de transformer un lieu, etc. Lors du colloque de Nantes, Pascale Schuddings a donné l'exemple de l'abbaye de Sainte-Godelieve, qui date de 1100 et qui a été délaissée soudainement par les dernières religieuses qui l'occupaient. Or cette abbaye est au cœur d'un quartier résidentiel de Bruges. Les différentes autorités de la ville ont incité les habitants à venir voir le lieu, à répondre à un questionnaire et à imaginer comment le narratif de cette abbaye pourrait être raconté afin que les visiteurs d'où qu'ils viennent puissent y trouver quelque chose. Les gens ont joué le jeu puisque, durant le mois qu'a duré ce « laboratoire du futur », environ mille personnes sont venues chaque jour donner des avis et des idées.

Des exemples qui montrent que tout le monde est d'accord pour repenser nos us et coutumes touristiques. Qui révèlent aussi que des choses sont à explorer et que toutes les idées sont potentiellement intéressantes pour peu qu'elles préservent à la fois notre envie de voyage et de découverte, notre environnement et la tranquillité des habitants des villes que l'on aime tant visiter. L'augmentation du nombre de touristes retraités ou de télétravailleurs confère un relief important à ces interrogations – de même que le réchauffement climatique qui va allonger les périodes de baignade et… limiter celles de ski.

**La possibilité de quotas journaliers ?**

Parmi les questions à traiter sans œillères et sans idéologie, vient celle de l'instauration de quotas journaliers. L'idée peut paraître violente, voire tout à fait discriminatoire. Pourtant, sans être la plus intéressante des voies à explorer, elle constitue un sentier de traverse pour repenser plus globalement notre façon de visiter. Surtout, elle permet la préservation de sites historiques qui, si l'on n'y prend pas garde, finiront par être complètement ravagés par le trop grand nombre de visites – sauf à en bloquer l'accès. Dans cette logique, la grotte de Lascaux en est à la quatrième reproduction de l'originale, fermée pour cause de dégradations suite au trop grand nombre d'entrées journalières – environ mille cinq cents personnes au moment de sa fermeture, en 1963. Aujourd'hui, le Lascaux original est fermé au public et surveillé par les experts tandis qu'il est possible de voir, à côté, des reproductions fidèles des peintures rupestres préhistoriques.

La grotte préhistorique du Pech Merle a fait le choix des quotas journaliers. Seuls sept cents visiteurs par jour peuvent y pénétrer, et les groupes sont constitués de vingt-cinq personnes au maximum afin de ne pas occuper les lieux de façon trop importante et d'éviter le risque de dégrader cet autre chef-d'œuvre de l'art préhistorique.

C'est aussi le choix opéré par certains parcs nationaux aux États-Unis. Ainsi, le parc Yosemite, dont les célèbres parois rocheuses consacrées à l'escalade ont reçu environ quatre millions de grimpeurs en 2019, a mis en place depuis 2021 un système de réservation obligatoire afin de mieux gérer les afflux de visiteurs. De plus, il délivre désormais des permis d'accès au site pour les ascensions de plusieurs jours. En effet, sur les plus de cinq mille voies de grimpe ouvertes sur le site du parc naturel, la plupart sont réalisables en une journée. Mais certaines, plus laborieuses, nécessitent que les alpinistes campent à même la paroi qu'ils escaladent, dans des tentes suspendues verticalement contre les pentes rocheuses. Face à l'augmentation de la fréquentation, les nouvelles mesures permettent aux gardes forestiers de savoir combien de personnes entrent, combien sont sur les murs à un instant *t* et combien de temps elles restent. Elles visent aussi à améliorer la propreté du site, car malgré les nettoyages réguliers, la gestion des déchets continue à poser problème dans le parc.

En 2022 encore, le Salon du Livre de Paris a limité ses entrées à 5 500 tickets par jour, réservables par internet pour gérer les flux et le confort des visiteurs – complément logique de l'entrée gratuite, et donc de la non-régulation par l'argent.

Ces décisions concernent toutes les grandes places touristiques du monde. Toutes y sont contraintes et toutes explorent des possibilités nouvelles[1]. Cela était déjà le cas avant la pandémie de Covid-19, qui a accéléré la tendance plutôt que de la créer. Ainsi, Venise, qui accueille trente millions de visiteurs par an, échaudée par l'épisode du paquebot qui a heurté un quai en tentant de s'amarrer, a pris des mesures draconiennes. Au premier rang desquelles l'interdiction d'entrée dans la lagune pour les grands paquebots et la mise en place d'un quota de vingt mille personnes maximum sur la place Saint-Marc les jours de carnaval.

1. Olivier Tosseri, Cécile Thibaud et Alexandre Counis, « L'Europe se mobilise contre le surtourisme », *Les Échos*, 29 juillet 2019, URL: <https://www.lesechos.fr/industrie-services/tourisme-transport/leurope-se-mobilise-contre-le-surtourisme-1041097>.

> Une taxe d'entrée devrait en outre être introduite en janvier 2022. Comprise entre 2,50 et 5 euros, jusqu'à 10 euros en haute saison, elle sera insérée dans les billets de train ou d'avion. Le bénéfice de cette taxe, estimé entre 40 et 50 millions d'euros, servira notamment à financer les services d'entretien de la ville. […]
> En Sardaigne, de nombreuses plages ont instauré un numerus clausus compris entre 300 et 1 000 personnes par jour qui doivent s'acquitter d'un billet d'entrée entre 1 et 10 euros, selon qu'elles viennent à pied ou en voiture. […] En Croatie, Dubrovnik, déjà en vogue, a vu sa popularité grimper après le tournage de la série *Game of Thrones*. La ville a dû instaurer, en 2017, des quotas quotidiens de visiteurs. En Grèce, les autorités ont limité, sur l'île de Santorin, les arrivées de croisiéristes[1].

En Asie, les constats sont les mêmes. Si la Thaïlande a interdit au public la baie du film *La Plage*, les Philippines, elles, ont dû se résoudre à fermer pendant six mois l'île de Boracay,

> un petit coin de paradis transformé en « fosse septique », selon le président du pays, sous l'effet du tourisme de masse.

1. *Ibid.*

> Le site a été nettoyé. L'accès des visiteurs est désormais numériquement limité et un certain nombre de règles ont été instaurées comme l'interdiction de fumer ou de boire de l'alcool sur les plages[1].

Au-delà des quotas journaliers ou des taxes d'entrée dans les villes ou sur les plages, mesures qui semblent porter leurs fruits, il existe des choix encore plus radicaux. Ainsi, pour admirer les formations rocheuses orangées en forme de vagues de The Wave en Arizona, les autorités locales ont décidé de la mise en place d'un tirage au sort. Par l'intermédiaire d'une loterie en ligne et d'une loterie sur place, seulement vingt personnes par jour auront la chance d'accéder à ce lieu, l'un des sites naturels les plus prestigieux et majestueux d'Amérique du Nord, voire du monde. Vingt personnes par jour seulement. Pour préserver les lieux. Voilà une décision qui tranche avec la mesure quantitative du tourisme qui est la nôtre depuis de très nombreuses années. Une décision qui peut sembler radicale et exagérée. Et si, pourtant, elle était la préfiguration d'un tourisme plus responsable ? Et si, pourtant,

1. *Ibid.*

elle conduisait, justement par sa radicalité, à une réflexion plus profonde et plus globale encore ? Et si, surtout, elle soulignait qu'elle aurait pu être évitée si le tourisme était une politique concertée, planifiée, et mise en perspective entre les impératifs économiques et culturels ?

Aujourd'hui, plusieurs solutions – des quotas journaliers à l'augmentation de l'espace touristique en passant par l'encadrement de l'accès aux logements – sont appliquées, mais elles sont toutes disparates et assez peu coordonnées. Demain, il va falloir dessiner la France numérique du tourisme, double de nos futures pérégrinations. Partout, on nous indiquera sur internet les places disponibles, les sites proches peu ou moins bien connus, les liens avec des livres, des films, des séries. Partout, on nous parlera végétaux, origines des espèces, particularités, usages. De même pour les races animales sauvages ou domestiquées... Le double des lieux en savoirs et en découvertes, en créations et en documentation. Bien sûr, y figureront les disponibilités des campings, des hôtels et des restaurants, des Airbnb... La France doit combler son retard en tourisme numérique pour mieux orienter et diversifier les flux, et permettre aux professionnels de s'adapter. S'il y a trop de réservations pour les places disponibles, on peut modifier les horaires, ouvrir un jour de fermeture, faire une nuit d'ouverture, proposer un autre projet… Un pays parcouru par des dizaines de millions de voyageurs ne peut plus laisser le seul hasard des désirs provoquer les flux. Il doit projeter le tourisme réel dans la sphère du tourisme virtuel pour améliorer les séjours des visiteurs, fluidifier les usages, mais aussi densifier les activités économiques. Si, par exemple, les réservations d'hébergement sont lisibles en continu sur le site d'un territoire, chaque acteur du tourisme, localement, peut prévoir et s'adapter. C'est la France entière qui doit entrer dans cette vaste base de données interactives. La France et le monde.

## Les logements, un point central

Quel est le point commun entre Barcelone, Venise, Paris, Berlin, Lisbonne, Londres ou Édimbourg ? Ce sont des villes européennes, évidemment. Elles se rapprochent également par leur action, certes non concertée mais concomitante, autour de leur politique d'accueil des touristes dans les logements et les hôtels. Ainsi,

Barcelone et Lisbonne ont été engluées dans les questions de logements pour touristes pléthoriques[1]. Des Airbnb mis à disposition pour de longues périodes qui empêchent les locaux de louer des logements en centre-ville à des prix décents. De nombreuses dispositions ont été prises ici ou là pour tenter de prévenir ce risque de devenir une ville à destinée uniquement touristique. Berlin a interdit la conversion du parc locatif de longue durée en location touristique. Lisbonne a lancé en 2020 le programme « Safe Rent » qui vise à attribuer des habitations touristiques à des travailleurs qui vivaient en périphérie. Édimbourg, en Écosse, lève une taxe de 2 livres par chambre et par nuit, pour la première semaine de séjour, sur toutes les réservations y compris les Airbnb. Soutenu en janvier par 90 % des habitants et 51 % des fournisseurs d'hébergement, ce projet rapporterait de 11,6 à 14,6 millions de livres par an[2]. Amsterdam, de son

1. Ariane Fornia, « Comment concilier tourisme et développement durable », *Cahiers français* n° 423, septembre-octobre 2021, p. 48-59, ici p. 50.
2. Olivier Tosseri, Cécile Thibaud et Alexandre Counis, « L'Europe se mobilise contre le surtourisme », 2019, art. cité.

côté, a décidé la limitation à trente jours par an des locations de meublés aux touristes, l'interdiction d'ouverture de nouveaux commerces de souvenirs, l'accostage obligatoire des bateaux-mouches en périphérie, l'exclusion des cars de touristes du centre-ville.

Paris, elle, est partie en guerre ouverte avec Airbnb. Tant et si bien que le géant de la réservation de logement a été condamné par le tribunal de grande instance de Paris à une amende de 8 millions d'euros à verser à la Ville. L'objet du litige ? La décision prise par la mairie de Paris de soumettre la location saisonnière à un accord dit de « compensation » : une autorisation n'est délivrée au propriétaire souhaitant dédier une résidence secondaire à la location touristique de courte durée que s'il achète un local commercial de surface équivalente – voire double dans certaines zones –, pour le transformer en habitation, afin de compenser la « perte de logement ». Un dispositif ultracontraignant qui est l'un des paroxysmes de la guerre des logements qui fait rage dans de nombreuses villes touristiques depuis plusieurs années maintenant. Mais Paris devrait aussi s'interroger sur le lien possible entre tentatives de blocage des flux touristiques et baisse des habitants permanents dans la cité. Le désir d'une ville peut-il se segmenter ?

Des villes de plus petite taille connaissent les mêmes soubresauts avec des logements utilisés à cent pour cent pour des locations de courte durée. Dans l'Hexagone, des villes comme Saint-Malo, mais aussi sur l'île de Groix, à Douarnenez, à Marseille ou dans certains secteurs du Pays basque, des mouvements issus de la population locale s'insurgent avec force contre cette flambée des prix et contre l'« annexion » de leur ville par les touristes. Résultat :

> À Marseille, la ville a limité à deux le nombre de résidences secondaires d'un propriétaire. « Cette activité est devenue un véritable business, piloté par un petit nombre de fortunés », dénonçait Patrick Amico, adjoint au maire de la cité phocéenne. En mai, Saint-Malo a fait beaucoup plus fort. D'abord en imposant un quota [de logements touristiques] à ne pas dépasser par quartier : 12,5 % pour l'*intra-muros* mais pas plus de 1 % dans d'autres secteurs de la ville. Elle a aussi limité à une seule demande par propriétaire, écartant au passage les personnes morales comme les SCI[1].

1. Camille Allain, « À Saint-Malo, la bataille fait rage pour encadrer "la spéculation immobilière" des locations Airbnb », *20 minutes*,

Une tentarice pour rationaliser l'accès aux logements de tourisme et, peut-être, réguler les occupations.

Ces décisions sont intéressantes. Parce qu'elles témoignent d'une prise de conscience réelle et profonde de ce que peut produire comme effets néfastes une politique qui ne viserait qu'à générer du chiffre. Le problème, là encore, comme lorsqu'il s'agissait d'élargir la période touristique ou d'étudier la politique de mise en place de quotas journaliers, est le manque de globalité dans les recherches de solutions et de réponses. Plutôt que de laisser Lisbonne, Madrid, Londres, Édimbourg, décider seules de solutions cousines mais différentes, ne pourrait-on imaginer une dynamique européenne qui définirait des règles de travail communes pour une gestion intelligente, moderne, durable et humaine du tourisme ? Ne pourrait-on également réfléchir à une réglementation des vols *low cost*, qui augmentent fortement la tension sur les logements dans les villes à vocation touristique ?

---

16 octobre 2021, URL : <https://www.20minutes.fr/economie/3149275-20211016-saint-malo-bataille-fait-rage-encadrer-speculation-immobiliere-locations-airbnb>.

Au fond, il convient désormais d'imaginer, parce que le tourisme met en partie à mal notre équilibre environnemental – et de vie, dans certaines régions –, une nouvelle forme de tourisme qui mêle planification des déplacements, réflexion sur l'accessibilité aux lieux et offres diverses et variées pour conserver au plus grand nombre l'accès aux vacances.

### Monter en gamme ? Une solution à adopter avec précaution

L'une des solutions avancées régulièrement pour résoudre la question du « trop-plein » de touristes est d'imaginer une montée en gamme des services et des prix afin de rendre le ticket d'entrée au voyage plus onéreux – et donc, inévitablement, de réduire l'afflux des voyageurs. Au fond, cette idée est une sorte de retour aux origines du voyage et du tourisme, lorsqu'ils ne concernaient qu'une élite intellectuelle et financière.

Sur le papier, l'idée peut paraître séduisante. En effet, par la montée en gamme, il est attendu à la fois une meilleure mise en majesté des villes ou des sites touristiques, et une forme de sélection des clients qui diminuera leur nombre puisque tous n'auront pas les moyens de se rendre ici ou là. La Tanzanie, par exemple, a utilisé cette arme pour se démarquer de son concurrent voisin, le Kenya. Alors que le Kenya permet d'accéder à des safaris à des prix relativement abordables, la Tanzanie a choisi de rendre son expérience plus haut de gamme en augmentant les tarifs d'entrée dans les parcs naturels célèbres et en misant sur des *lodges* de luxe. Évidemment, les deux clientèles ne sont pas les mêmes au Kenya et en Tanzanie. Cela a-t-il pour autant baissé le nombre global de candidats à l'aventure pour les safaris ? Pas certain.

De même, alors que notre société est de plus en plus morcelée et archipellisée entre des *insiders* et des *outsiders*, rendre le tourisme plus onéreux, et donc moins accessible, pourrait accentuer la défiance des uns envers les autres et diviser encore le champ social entre ceux qui auraient accès aux voyages et ceux qui ne l'auraient plus du tout. Il faut se rappeler que même avec l'émergence de l'aviation *low cost*, 90 % de la population mondiale n'est jamais montée dans un avion. De quoi, peut-être, relativiser la « nécessaire » montée en gamme pour faire face aux hordes de touristes…

La démocratisation du tourisme est un enjeu de société essentiel en matière d'art de vivre et de cohésion sociale. Un enjeu bloqué en France depuis des décennies avec un taux de départ d'environ 60 à 70 %. Les non-partants sont très clivés socialement – surtout ouvriers et travailleurs du *care* et du service –, géographiquement – on part plus dans les villes que dans les campagnes –, sans oublier que le modèle des vacances est un modèle de couple très défavorable aux femmes isolées. Si 10 % environ des Français sont rétifs aux voyages – environ 15 % n'ont jamais découché –, il faudrait se fixer, en France, un objectif de croissance de 20 % pour accéder à une vraie démocratisation des vacances – à peu près le pourcentage qu'atteignent les pays scandinaves. Il y a donc une « réserve » importante d'usagers déjà dans nos sociétés, sans parler de la démocratisation internationale. Et nous avons dit précédemment le lien que nous voyions entre voyage et paix – une idée à rappeler quand les bombes russes écrasent l'Ukraine.

Cela dit, il faut intégrer dans nos réflexions que, en France, la population s'installe de plus en plus dans les régions touristiques et peut donc multiplier les pratiques de vacances sans découcher. Quand 70 % des Français habitent une maison avec jardin, et ce de plus en plus dans ces régions-là, la vie « n'est pas un enfer », et le nombre comme la durée des voyages peuvent évoluer.

Cependant, comme souvent, peut-être qu'entre le blanc et le noir, la solution, ou du moins l'une des pistes de réflexion, se situe dans un entre-deux d'un joli gris éclatant. Un gris dans lequel l'inexorable montée en gamme qui est l'une des possibilités pour prévenir les tensions et le surtourisme dans les lieux les plus courus serait accompagnée par une véritable réinvention de l'idéal des « vacances populaires », qui furent, après 1945, à l'origine du développement considérable du tourisme, et donc de tout un tissu économique associé à elles. Petit à petit, les vacances populaires ont été vilipendées, parfois à juste titre. Comme, d'ailleurs, les vacances bourgeoises, au XIXe siècle, furent vilipendées par les aristocrates de la classe rentière chère au sociologue Thorstein Veblen. La démocratisation impose sans cesse aux élites de fuir plus loin et plus cher pour éviter « le flux populaire ». En ce moment, les yachts, les bastides très chères de la Côte d'Azur, du Luberon ou les chalets de Courchevel, voire le tourisme spatial, sont les nouveaux refuges des très riches. Cette fuite éperdue est peu à peu copiée, démocratisée, « envahie », ce qui pousse à de nouvelles pratiques sociales. Toutes les formes populaires ne sont pas copies de celles des élites, mais beaucoup d'entre elles.

Les classes moyennes émergentes qui accédèrent aux voyages trouvèrent notamment dans les tour-opérateurs une possibilité de découverte de l'ailleurs qui mixait hétérogénéité des parcours – cadre dans lequel la rencontre de l'ailleurs, qui est à la fois une chance et un risque, était amortie – et dépaysement, pour une somme qui restait abordable et prévisible.

Désormais, cette façon de voyager, comme hier le camping ou le simple regroupement sur une plage pour se faire bronzer les uns à côté des autres, est moquée par une certaine intelligentsia. Peut-être que l'un des réponses à la question du surtourisme et à la nécessaire prise en compte des nouveaux enjeux se situe là. Dans la réinvention de vacances populaires qui seraient à la fois responsables et accessibles. Comme s'il fallait, en somme, inventer la Dacia des vacances – des vacances peu coûteuses et solides, et soucieuses de l'environnement. Ou réinventer ce que furent les colonies de vacances, les auberges de jeunesse ou le tourisme social.

## 2
## Voies de sortie du surtourisme

### Penser le tourisme comme une boîte de nuit

« Que veut dire “tourisme réussi” ? Mon modèle préféré, c’est le modèle de la boîte de nuit – je pense que c’est vraiment une bonne image. Quand vous ouvrez une boîte de nuit, vous voulez qu’elle soit dans un endroit superbe, qu’il y ait de belles décorations, que le son soit nickel, vous voulez un *dancefloor* idéal, des serveurs tatoués, barbus, des cocktails fantastiques, un DJ très connu… et une fois que vous avez tout rassemblé, vous mettez un mec devant qui ne laisse entrer personne. On limite l’entrée. C’est ce qu’on appelle de la “demande fabriquée”. Prévoir toujours cinq à dix minutes d’attente avant de laisser entrer les gens pour leur donner l’impression qu’ils ont de la chance – et les gens font la queue, tout le temps. Même si vous arrivez tôt, vous devez attendre. C'est une formule finalement, un superproduit. Imaginez, si on vous laissait entrer tout de suite : vous arrivez un samedi soir à 21 heures, 22 heures, vous savez qu'il n'y a personne à l'intérieur, et pourtant vous devez attendre. Si vous pouviez entrer tout de suite, vous verriez qu'il n'y a personne et vous ressortiriez aussitôt, c'est certain. On vous fait donc attendre le temps qu'il y ait une queue en dehors de la boîte, et au moment où on ouvre, là ça commence à se remplir vraiment. Sinon, tout le monde va partir. C'est un peu la même chose avec le tourisme. »

Penser le tourisme comme une boîte de nuit. Telle est la proposition, dans une conférence vivifiante, du consultant et analyste du tourisme Doug Lansky lors du colloque de Nantes en septembre 2021. Dans cette prise de parole intitulée « Comment réparer le tourisme[1] ? », Doug Lansky a interpellé par sa façon de considérer le tourisme comme un désir. Comme

1. Doug Lansky, intervention à la table ronde « Surtourisme ou problème de flux », colloque « Le tourisme du futur », 6 septembre 2021, Nantes.

quelque chose qu'il fallait conquérir, et parfois oublier pour en avoir à nouveau envie. C'est d'ailleurs de là qu'est venue son analogie intéressante invitant chacune et chacun des acteurs des secteurs touristique et politique à envisager celui-ci comme s'ils étaient devenus les tenanciers d'une boîte de nuit. Au fond, le conférencier présuppose que désormais le tourisme, devenu ce que nous appelons « la seconde peau » du monde, est une forme d'acquis social et que comme tous les acquis, nous n'en prenons plus vraiment soin.

Surtout, ce que Lansky et d'autres avec lui ont montré lors de cette table ronde, c'est l'existence d'un paradoxe : nous aimons le tourisme, mais nous n'aimons pas les touristes. Ce qui signifie que les flux sont peut-être mal gérés. Personne n'a envie d'avoir des centaines de cars de touristes par jour dans sa ville de résidence, mais chacun a envie, lorsqu'il est en voyage, de pouvoir accéder aux « lieux qu'il faut avoir visités ». C'est toute la question de l'équilibre qui se joue ici. C'est le tourisme façon « boîte de nuit ». Comment faire entrer ? Quand ? À quel tarif ? Autant de paramètres qu'il est crucial, à présent, d'avoir en tête pour élaborer une politique touristique.

L'enjeu semble être : comment générer plus de recettes avec moins de touristes ? Disneyland a réussi cette prouesse. Alors que la fréquentation diminuait et que l'expérience client était vécue comme une forme de supplice, les dirigeants ont changé de paradigme. Comment ont-ils fait ? Ils ont favorisé les réservations à l'avance pour les attractions et ont permis un meilleur système de réservation des hôtels, en déconnectant ainsi les dépenses des clients. Résultat : les bénéfices, avec moins de visiteurs, ont augmenté de 4 %.

Loin de nous l'idée de dire que le modèle doit être celui de Disney, mais il est intéressant de voir comment les acteurs qui gèrent des flux travaillent les questions auxquelles ils sont confrontés – comme, d'ailleurs, tous les spécialistes du tourisme et du divertissement. Pourquoi ne pas imaginer que l'on puisse, à l'avenir, vérifier, avant un voyage à Paris, si la visite du Louvre sera possible ? Si elle est impossible parce que le quota annuel ou mensuel est atteint, alors le touriste viendra peut-être quand même et visitera autre chose, ou il choisira de reporter d'un an sa visite. Réinstaurer un temps plus long est un autre élément important, aujourd'hui, dans la réinvention du tourisme et des façons de voyager. Un temps de l'apprivoisement du voyage. Si tout n'est pas possible et que les lieux phares ne sont pas tous accessibles, il convient de l'accepter et d'organiser différemment son séjour. Est-il choquant que l'on ne puisse aller au Louvre ou au Metropolitan que deux fois dans sa vie ? Réponse difficile, mais la question doit être posée si l'on souhaite réinventer profondément la vie touristique et en élaborer une nouvelle approche.

L'objection qui peut être soulevée à cette vision de la gestion du tourisme comme une boîte de nuit, et donc comme une rareté et la création d'une désidérabilité, est double. D'abord, celle du « droit à voyager », du « droit à voir » tel ou tel lieu. Cette question du « droit à » est intéressante. Ce droit existe-t-il véritablement ? L'autre partie de l'objection, peut-être plus recevable car moins philosophique et plus concrète, c'est l'idée selon laquelle cette façon d'organiser et de planifier son voyage à l'avance est une forme de perte de la magie de l'imprévu. Cette entrée dans la société de la réservation pour ce qui est du tourisme serait donc, finalement, une forme de dénaturation même de la magie du voyage. Cela est tout à fait vrai. Cependant, ce qui est en jeu ici n'est pas la fin de l'imprévu, mais la régulation du flux d'entrées, au Louvre ou ailleurs, pour que l'expérience de tous, visiteurs comme non-visiteurs, soit la meilleure possible. Le reste du voyage, lui, pourra être peuplé des délicieux inattendus.

Dans cette capacité à gérer les flux, se manifeste le retour à l'intérêt collectif du tourisme, qui n'est pas un simple plaisir et droit personnel et individuel, mais qui est la partie d'un tout. Économique, humain et sociétal. Réaffirmer cela est crucial. S'en emparer également. Dans de nombreuses régions de la planète, les situations sont devenues insoutenables. Insoutenables pour l'environnement, insoutenables pour les touristes eux-mêmes aussi, en ce sens que l'« expérience utilisateur », pourrait-on dire en usant d'une analogie informatique, n'est plus vraiment satisfaisante. Le point désormais capital dans la transformation du tourisme est de bien comprendre que le tourisme de masse est une réalité tangible sur une planète de huit milliards d'habitants et que pour faire advenir ce que Rémy Knafou nomme

« la quatrième révolution touristique[1] », il est nécessaire de modifier les logiques et les discours, et de sanctuariser certaines choses en posant des interdits.

En premier lieu, on cherchera à imaginer la déconcentration des flux, réalisable de diverses manières. Le démarketing ou marketing négatif – nous l'avons rencontré dans les calanques de Marseille – peut faire prendre conscience du problème tant aux locaux qu'aux touristes. S'il est difficile de mesurer précisément l'effet d'une telle mesure, elle a été utilisée par de nombreux lieux qui souffrent de surtourisme.

La deuxième étape est peut-être d'élargir le marketing à de nouveaux endroits, proches ou différents, dans le pays ou autour du lieu en question.

Une plus grande diversification des activités proposées est aussi l'une des voies à explorer. La montagne, à ce titre, constitue un laboratoire intéressant. Le réchauffement climatique et leur fermeture pendant deux saisons pour cause de pandémie ont poussé les stations historiquement consacrées au ski, comme La Plagne, Val-Thorens ou Les Arcs, à chercher des

1. Rémy Knafou, *Réinventer le tourisme…*, 2021, *op. cit.*

moyens de se réinventer et de se penser autrement que comme un simple dortoir de skieurs. Certaines d'entre elles ont décidé de ne plus accepter de nouveaux aménagements lourds. Et lors des États généraux de la transition du tourisme de montagne (EGTTM) qui se sont tenus les 23 et 24 septembre 2021, plusieurs pistes de réflexion ont été ouvertes. Elles vont dans un sens positif pour le secteur du tourisme de montagne, mais aussi pour le secteur touristique dans son ensemble.

En vrac : les EGTTM souhaitent élaborer un meilleur ciblage de la clientèle de proximité sur les quatre saisons, et non plus seulement en hiver ; ils envisagent d'accélérer le développement d'une offre culturelle et touristique représentative des traditions et des savoir-faire des artisans ; ils vont favoriser l'implantation d'activités de tourisme doux tournées vers le bien-être, le scientifique ou le patrimonial ; ils s'engagent à donner la priorité au tissu économique local… Voilà, en partie, pour ce qui relève de l'activité touristique de *front-office*, mais ces EGTTM se sont également intéressés à la gouvernance des moments de tourisme. Là aussi, certaines voies et intentions sont à observer de près. Par exemple, les EGTTM étudient la façon d'associer les habitants à la gouvernance et à la prise de décision concernant les stratégies du territoire touristique, et de mettre en place des consultations locales sur certains sujets. Parallèlement, les EGTTM ont également choisi de réfléchir à une meilleure organisation des partenariats entre public et privé, et à la mobilisation de tous les acteurs pour qu'ils s'impliquent, eux aussi, dans l'accompagnement de la transition touristique.

Création de nouvelles offres culturelles, prise en compte de la clientèle de proximité pour mieux étaler la fréquentation, association des acteurs locaux de tous bords et de toutes obédiences, mise en musique d'une meilleure concertation : des idées qui paraissent simples et qui, pourtant, ne sont pas toujours appliquées. Le fait que les acteurs de la montagne s'en emparent est une avancée colossale dans l'élaboration d'un nouveau tourisme ou, plus exactement, dans la réparation du tourisme.

## Réparer le tourisme, un travail de longue haleine : les exemples de Barcelone et de Copenhague

Dans l'activité touristique comme dans la vie, l'enfer peut être pavé de bonnes intentions. Toutefois, pour réparer le tourisme et le rendre à sa fonction d'outil puissant de création d'une urbanité planétaire, certaines villes ont testé des solutions qu'il est intéressant de scruter avec attention. Lors du colloque de Nantes, deux d'entre elles étaient présentes et ont partagé les fruits de leurs expérimentations. Xavier Marcé, adjoint au maire de Barcelone en charge du tourisme et des industries créatives, a détaillé toutes les décisions et toutes les pistes que la ville, fortement popularisée par le film de Cédric Klapisch *L'Auberge espagnole*[1], a explorées pour « répondre au débat sur la massification du tourisme qui existait avant la pandémie[2] ». Selon Xavier Marcé, il est primordial de dresser une typologie touristique de chaque ville pour mieux la comprendre et ainsi mieux l'organiser. « À Barcelone, nous avons quatre types de touristes, ou de visiteurs. Il convient d'ailleurs de parler de visiteurs parce que le concept de touriste est un concept qui regroupe une grande quantité d'idées et de procédés mentaux qu'il est difficile de

1. Film sorti en 2002.
2. Toutes les citations de Xavier Marcé sont tirées de son intervention lors du colloque de Nantes « Le tourisme du futur », 6 septembre 2021.

rendre homogènes. » À Barcelone, ajoute Xavier Marcé, il y a un pourcentage très « important de tourisme d'affaires qui vient dans la ville une fois par an. Ce profil nécessite donc de travailler sur la base de la répétition. Un congressiste est intéressant parce qu'il engendre une répétition potentielle. »

L'autre type de visiteurs à Barcelone est le visiteur de « croisière ». Le port de Barcelone est au cœur de la ville et rend donc l'escale facile aux paquebots qui déposent leurs passagers dans un lieu pour une journée. Cette population est l'une des plus nombreuses dans les touristes qui visitent Barcelone, et elle n'a pas la même exigence que les congressistes ou que les autres visiteurs que sont ceux que Xavier Marcé appelle de « loisirs » – c'est-à-dire ceux qui « décident d'inscrire Barcelone dans la liste des destinations touristiques, comme partie d'un parcours touristique ou comme destination pour quelques jours ». Enfin, dernière typologie de visiteurs, ceux qui viennent visiter Barcelone « pour une journée, sans dormir dans la ville, et qui sont en fait souvent des Espagnols. Ils vont avoir besoin de solutions qui sont liées à la mobilité au sein de la ville », détaillait encore Xavier Marcé à Nantes en septembre 2021. Il prolongeait ensuite son intéressante réflexion sur la réparation du tourisme : « Il faut également faire une analyse très technique pour chercher des solutions qui permettent, d'une manière ou d'une autre, d'atteindre les objectifs. Par exemple : arrêter de se référer à la quantité comme un critère de référence. La quantité de tourisme n'est pas une question qui nous intéresse, mais plutôt la qualité. Ce que je ne peux pas faire, c'est annuler les effets économiques du tourisme sur la ville, mais je peux construire des alternatives pour la ville, c'est-à-dire une équation évidente, baisser la quantité et augmenter les apports économiques pour que se produise ce processus de transfert et de changement de modèle économique nécessaire pour atteindre les objectifs de limite touristique et de respect de l'évolution écologique proposés par les Nations unies. Ce mouvement demande de la technicité et une analyse très précise de la typologie des touristes. Que faire pour chaque profil et à chaque moment ? Et j'insiste sur ce point. Lorsque je travaille avec des touristes qui ne viennent qu'un jour à Barcelone, ma réponse est la mobilité. À celui qui vient de manière répétée, le congressiste qui apprécie la ville et qui reviendra, il faut proposer une diversification culturelle. Il faut offrir des pôles culturels, sportifs, scientifiques, mais surtout des pôles culturels, au sens le plus large du terme, suffisamment puissants pour survivre à cette répétition de visites du patrimoine local que sont Gaudí et tant d'autres. Voilà également un objectif qui est lié à la recherche de complicité avec les citoyens. Lorsque je parle des croisières, il faut limiter le poids de la croisière qui se contente de passer par Barcelone, et augmenter le poids des croisières qui s'attardent à Barcelone et qui œuvrent pour que les passagers du bateau restent plusieurs jours dans la ville. »

Tentatives et analyses intéressantes pour la ville de Barcelone qui a été, depuis une vingtaine d'années, complètement submergée par l'afflux touristique. L'adjoint au maire de Barcelone en charge du tourisme et des industries créatives précisait que pour parvenir à trouver des solutions concrètes et durables à ces problématiques entremêlées, il fallait que les citoyens vivant dans la ville ainsi que les acteurs du secteur touristique soient pleinement associés à la réflexion et, surtout, à l'élaboration des décisions.

L'écho venu de Copenhague fut porté, lors du colloque nantais, par Signe Jungersted, ex-directrice du développement de Wonderful Copenhagen, l'organisme de gestion du tourisme de la région de la capitale danoise, et fondatrice du groupe NAO qui accompagne les villes et les régions dans leurs transformations, notamment touristiques. Il a complété et amplifié sur certains points les propos de l'édile adjoint de Barcelone. Le champ d'analyse de Signe Jungersted s'intéresse à l'impact que les réseaux sociaux ont eu sur la façon de voyager, particulièrement au Danemark, et sur ce qu'ils peuvent enseigner sur les typologies de touristes. Ainsi, raconte la stratège danoise : « En 2017, nous avons lancé une nouvelle stratégie qui déclarait la fin du tourisme tel qu'il se faisait jusqu'alors et misait sur l'avènement de la localité, de la proximité. Cette décision découlait en partie des modifications qui ont pris corps grâce aux réseaux sociaux. Il n'y a pas si longtemps, quand on était un touriste, on n'était pas une personne, un individu, on était englobé dans une masse. C'était la perception. Pourquoi ? Parce qu'il y avait une perception médiatique assez unique, homogène. Je me souviens après le lycée, j'avais pris mon sac à dos, comme bien d'autres. Nous avions le *Lonely Planet*, certains avaient le Rough Guide – les plus cool –, mais tout le monde se retrouvait au même endroit, on regardait les mêmes pages dans le *Lonely Planet*… » Et de poursuivre sa démonstration en insistant sur les représentations de chacune et de chacun modifiées par les réseaux sociaux, rendant ainsi les individus plus autonomes, mais aussi, parfois, plus moutonniers : « Maintenant, avec l'avènement des réseaux sociaux, on est plus indépendant par rapport aux guides très établis ou aux perceptions finalement traditionnelles de certaines destinations. Oon découvre alors que les touristes ne sont pas un bloc uni. Les touristes, ce sont des gens, c'est moi, c'est vous, et nous avons chacun des intérêts qui nous sont propres, y compris quand nous voyageons. C'est vraiment l'idée de l'émancipation qu'engendrent les réseaux sociaux, présents dans notre poche partout où nous allons. Ils nous permettent de rejoindre la communauté, le territoire, les attractions, les activités qui nous intéressent, de savoir ce que font les résidents, les locaux, dans tel ou tel endroit, et nous offrent de nouvelles perspectives en matière de voyage. »

Dans cet apport à la réflexion, deux thèmes apparaissent fondamentaux. D'abord qu'il existe désormais une multiplicité de profils de touristes qu'il convient d'adresser, mais que cela ne peut pas se faire sans le regard avisé, voire actif, des habitants locaux eux-mêmes. Parce que ce sont eux qui utilisent la ville. Ainsi, peut-être, l'impression de surtourisme qui prévaut dans certains lieux, à certaines périodes de l'année, sera rendue caduque, ou du moins plus supportable. L'autre enseignement essentiel de ces deux expériences est que lorsque l'ensemble des acteurs – institutionnels, politiques, économiques et citoyens – sont mobilisés, alors des voies de concorde surgissent et la mise en musique d'une politique culturelle du tourisme au sens le plus noble du terme s'amorce. C'est-à-dire une politique à la fois en prise avec les questions environnementales et économiques et qui laisse une large place à la découverte et à la culture.

# 3
# Vers de nouvelles formes de tourisme

## Le numérique, outil du nouveau tourisme

Le tourisme s'est développé avec le train, massifié avec la voiture puis l'avion ; et s'il allait se réorganiser et se fluidifier avec le numérique ? De notre manière de nous déplacer à notre façon d'envisager la connaissance, en passant par celle de faire des rencontres amoureuses, le numérique a révolutionné tous les domaines de nos vies. Pourquoi ne serait-il pas l'outil d'une meilleure gestion du tourisme ?

Il a déjà modifié les imaginaires humains des vacances avec les partages sur les réseaux sociaux, dans les envies de destinations qui naissent parfois, voire souvent, d'images vues dans les bulles de filtres dans lesquelles chacune et chacun évolue. L'avènement du e-tourisme a aussi rendu les rêves d'évasion plus accessibles.

Environ 80 % des Français qui voyagent préparent leur séjour en ligne, selon la moyenne du baromètre annuel Opodo/Raffour sur les dernières années. Penser son escapade avec les outils numériques est donc devenu autant un passage obligé qu'un nouvel usage pour les touristes. Une fois la réservation effectuée, le smartphone permet au visiteur de Londres, de Paris ou d'Oslo de se mouvoir dans la ville avec des passes numériques pour les musées ou les transports en commun. Un usage des outils au service de l'économie du tourisme, de l'institution qui propose le service vers les consommateurs que sont les voyageurs. Cet avènement du monde numérique a aussi permis aux touristes de mieux s'immerger dans les musées ou les lieux culturels visités grâce à la possibilité d'accès à des contenus augmentés autour des œuvres découvertes.

Là où le numérique n'est pas encore assez employé dans la démarche touristique, c'est comme une forme de *back-office* pour les acteurs économiques, politiques et citoyens du secteur. En effet, cruciale est la réflexion à mener sur l'impact de la force numérique en matière de gestion des flux et de connectivité. Si des réflexions existent déjà, il est temps de les pousser plus avant afin de faire émerger un véritable outil (européen, pourquoi pas ?) de mise en commun des disponibilités de logements dans telle ou telle ville, d'indication en temps réel des files d'attente et des moments propices ou non à une visite du Parc Güell, du Louvre, ou du musée des Offices de Florence. Avec l'obligation croissante de réservations de dates et d'horaires et l'attention portée à l'affluence, grâce au numérique justement, l'expérience touristique devient plus rationnelle à la fois pour les acteurs, qui ne sont plus submergés de façon inattendue, et pour les touristes eux-mêmes, qui ne sont pas pris au dépourvu par une foule monstre lors de leur moment au Metropolitan ou au Guggenheim.

Cela nécessite une coordination de tous les acteurs et une démarche politique de planification des outils nécessaires. Encore une fois, sur ce champ du numérique comme sur les autres pans de l'industrie du tourisme du futur à dessiner, on privilégiera l'approche holistique pour ensuite appliquer des mesures concrètes et personnalisées à chaque situation territoriale. Le tourisme d'aujourd'hui, et *a fortiori* celui de demain, est un tourisme qui est et devra être connecté, autonome et compétent. Lorsqu'il prépare son voyage, le touriste a accès à des informations en tous genres : guide, publicités, blogs de tourisme… Ces contenus lui permettent de choisir la destination, d'effectuer des réservations, d'interagir avec la communauté de voyageurs, de produire un contenu et de noter les prestataires. Lorsqu'il est parti, son voyage peut être optimisé, grâce à la géolocalisation notamment. Enfin, les outils numériques, tant dans la planification nécessaire des flux que dans les possibilités offertes sur les sites, doivent rendre l'individu toujours plus autonome grâce aux technologies qui, mêlant virtuel et physique, permettent de vivre de nouveaux types d'expériences sensorielles et de mieux s'imprégner de l'histoire qui entoure un lieu ou la création d'une œuvre. La Casa Batlló, conçue par Antonin Gaudí sur le passeo de Gràcia, à Barcelone, est à ce titre exemplaire dans le mélange d'interactivité sensorielle et virtuelle.

Utilisé à la fois comme un outil d'agrément pour les touristes et comme un moyen puissant et indispensable de gestion des flux et des lieux dans lesquels se déplacent les visiteurs, le numérique atteindra l'intégralité de son potentiel au service de l'avènement du nouveau tourisme. Un tourisme qui se planifie, se réfléchit, se vit, et prend le temps d'être. Sans se mesurer à la fréquentation, mais plutôt à un crière de satisfaction similaire à ce que l'indice de développement humain représente par rapport au PIB. Rêvons un peu. Pourquoi l'outil numérique européen au service d'une planification raisonnée du tourisme ne serait-il pas aussi l'instrument d'une évaluation tant par les utilisateurs dans le contenu de leur expérience (scénarisation, mise en musique de leur séjour, attente, déception, etc.) que par les visiteurs locaux ou limitrophes ? Ceux-ci émettraient ainsi en temps réel des avis aussi bien sur la pression touristique de leur ville que sur la façon dont ils ressentent leur vécu de touristes d'un jour ou de quelques jours. Enfin, pourquoi ne pas imaginer que les organisateurs puissent évaluer la façon dont les touristes se comportent et utilisent les possibilités offertes, dans un but d'amélioration continue ?

### L'impact positif et négatif des réseaux sociaux

Réfléchir aux nouvelles formes de tourisme ainsi qu'à la place de la technologie dans ce secteur oblige à se pencher sur l'influence des réseaux sociaux. L'aspect communautaire et viral des échanges sur les plates-formes que sont Instagram, Facebook et Twitter a profondément modifié les imaginaires touristiques et a ainsi contribué à donner toujours plus d'envie d'ailleurs aux humains qui peuplent le globe. Suite à des publications sur Instagram, des sites touristiques ont bénéficié de nouvelles visites. Le réseau lui-même ne s'y est pas trompé puisqu'il propose désormais aux villes, aux infrastructures touristiques et aux lieux culturels un dispositif de publicité façon « guide » touristique.

Par ailleurs, la communauté des utilisateurs, influenceurs ou non, est au cœur de ce qu'Instagram, notamment, fait au tourisme. Pour le meilleur comme pour le pire. Quand il s'agit d'attirer des gens, de leur donner envie de voyager toujours plus, de leur proposer des expériences nouvelles, alors Instagram est un outil puissant. Très puissant. L'économie du tourisme est ainsi faite qu'elle sait répondre à ce genre de mode et de popularité soudaine, en développant des infrastructures, des restaurants et des lieux d'accueil pour une foule nouvelle. Parfois de manière bénéfique pour les sites qui s'en trouvent transformés ; parfois de manière un poil anarchique, sans réflexion globale sur les implications concrètes d'une telle explosion d'un lieu ; elle s'apparente alors plus à la gestion contrainte d'un afflux de personnes qu'à une planification touristique raisonnée et apaisée.

La glamourisation des paysages sur Instagram entraîne la création d'une image forte et puissante, d'une communauté autour du site avec son propre hashtag, etc. Le rêve étant l'un des moteurs de l'envie de voyage, le réceptacle offert par Instagram permet le développement exponentiel de destinations autrefois connues des seuls initiés ou des voyageurs aventureux qui se communiquaient les informations entre eux. Désormais, comme quelque chose existe seulement s'il a été partagé avec sa communauté, les endroits encore confidentiels sont devenus des lieux de convoitise forte où certains viennent seulement pour prendre une photo et dire « J'y étais ».

Cette tribalité inhérente aux mécanismes de fonctionnement des réseaux sociaux a engendré des effets forcément néfastes. D'abord, dans les comportements partagés en ligne – on voit des voyageurs s'allonger sur les monuments à la mémoire des victimes de l'Holocauste à Berlin, d'autres jouer à se tenir en équilibre sur les rails d'Auschwitz, et d'autres encore se rendre en masse à Tchernobyl pour s'y photographier, suite à la diffusion sur Netflix d'une série sur la tragédie.

Peuvent également être nuisibles les mises en valeur des lieux. En étant exagérément retouchés, ils sont rendus tellement désirables qu'ils en deviennent ensuite inaccessibles, pollués et délabrés à cause d'un trop-plein de visites. On le constate à Paris, où la pittoresque rue Crémieux connaît un afflux de visiteurs qui agace les riverains ; en Norvège, où le spectaculaire site de Trolltunga a dû limiter les accès ; en Thaïlande, où certaines plages sont désormais fermées. Certains hôtels de luxe ont même innové en créant un poste de « majordorme d'Instagram » qui est là pour gérer l'animation des comptes des clients durant leur séjour afin de leur permettre de profiter au maximum de leurs vacances[1]...

Soyons clairs, il ne s'agit pas ici d'imputer aux seuls réseaux sociaux la responsabilité du surtourisme, qui est largement

1. Voir, à ce sujet, Rosie Bell, « L'impact négatif d'Instagram sur les voyages », *Lonelyplanet.fr*, 12 février 2020, URL: <https://www.lonelyplanet.fr/article/limpact-negatif-dinstagram-sur-les-voyages>.

multifactoriel et qui est le fruit d'une politique globale du tourisme. Il s'agit plutôt de s'interroger sur le poids de ces outils et sur la façon dont ils contribuent à rendre l'expérience touristique moins agréable et toujours plus nocive pour l'environnement.

Quoi qu'il en soit, s'arrêter sur ces conséquences invite à pousser plus loin la réflexion sur la place de l'individu dans la chaîne de l'industrie touristique. Les responsabilités dans la perte de contrôle sont partagées. Les acteurs économiques et politiques doivent en prendre leur part. Les individus qui voyagent sont cependant concernés eux aussi. Dans leur pratique des réseaux sociaux, mais plus largement dans leur capacité à contribuer à réparer et à améliorer le tourisme.

## Responsabiliser les voyageurs

« Ne demandez pas ce que le tourisme peut faire pour vous, demandez-vous ce que vous pouvez faire pour le tourisme. » En paraphrasant la célèbre exhortation de John Fitzgerald Kennedy, nous soulignons combien il nous paraît fondamental que les institutions touristiques et politiques invitent les citoyens voyageurs à s'interroger sur leur comportement, à se poser la question de leurs voyages et de leurs déplacements ainsi que de leurs responsabilités. Certains avancent l'idée d'une charte de bonne conduite des touristes. Pourquoi pas ? Elle pourrait être signée au moment de l'arrivée à l'aéroport dans un pays, ou lors de la réservation dans un hôtel ou dans une agence de voyages. Rappeler les principes de respect de l'environnement, de la quiétude des riverains qui accueillent, etc., peut paraître inutile ; c'est pourtant l'une des façons de mettre ce sujet à l'ordre du jour dans l'esprit des voyageurs. Certains pays, comme l'Islande avec l'Icelandic Pledge, le font d'ailleurs déjà.

Dans le même ordre d'idée de responsabilisation des voyageurs, le numérique, par la mise en place d'une plate-forme européenne, voire mondiale, du tourisme, peut aussi jouer un rôle clé dans l'éducation aux attitudes touristiques vertueuses. En effet, à l'instar de la montre connectée qui envoie des récompenses symboliques à l'utilisateur qui a réalisé ou dépassé le nombre de pas qu'il avait programmé sur la journée, la plate-forme numérique de planification du tourisme et de ses flux pourrait féliciter symboliquement les touristes qui ont réservé, qui ont exploré les chemins de traverse de la ville ou qui ont simplement joué le jeu d'un tourisme orienté à la fois vers la culture, l'économie et la rencontre des autres. Ces analyses du comportement et la création d'une bonne habitude par la récompense symbolique ne sont pas un moyen de traquer les gens, mais, au contraire, de mieux connaître leurs activités lorsqu'ils sont en voyage, pour adapter, grâce à ladite plate-forme, les propositions de visite, de dégustation ou de promenades à leur adresser.

La responsabilisation des voyageurs se manifeste aussi avec les mouvements militants qui invitent chacun à se questionner sur l'empreinte carbone de tel ou tel déplacement. On les voit émerger *via* le mouvement Flygskam, dit de la « honte de prendre l'avion », et ils s'immiscent dans les inconscients comme un frein, ou du moins comme le déclencheur d'une réflexion sur chaque voyage envisagé. Pas étonnant, donc, de voir frémir, notamment chez les millenials, une autre forme de tourisme, privilégiant la circulation non loin de chez soi, en van ou en louant une *tiny house*.

Cette responsabilisation, qu'il faut encourager dans les discours, dans les actes militants, dans les outils aptes à la faire grandir, prend en compte qu'un individu est un touriste multiple et qu'il est tantôt ravageur, tantôt soucieux de son empreinte carbone, et que les deux ne sont pas incompatibles dans un même déplacement. Poser ce présupposé, l'accepter et faciliter son intégration par les touristes *via* des outils numériques ou par d'autres biais est l'une des briques qui permettra de bâtir une autre forme de tourisme.

Finalement, il s'agit de créer des réflexes nouveaux. À la fois dans l'attitude au moment du voyage et dans la façon de visiter les lieux touristiques. Ce « tourisme réflexif », ainsi qu'on le nomme, consiste à mobiliser les capacités du visiteur à se questionner, à questionner sa façon d'être touriste, et plus largement à interroger le lieu qu'il vient visiter et à en construire une critique en vue d'une amélioration. Le camp des Milles, à Aix-en-Provence, a été l'un des premiers à explorer cela en France ; une ville comme Berlin l'expérimente avec un certain succès depuis plusieurs années, avec notamment les fameux *Stolpersteine*, ces pavés de quelques centimètres enfoncés dans le sol et dont la surface est couverte d'une plaque qui indique le nom et la date de naissance d'une personne arrêtée et exterminée par les nazis ; Berlin a aussi imaginé un dispositif nommé « la bibliothèque du vide », qui commémore le premier autodafé nazi, en mai 1933. Pour interpeller les passants, une plaque de verre sur le sol permet de voir au-dessous des rayonnages de bibliothèque totalement vides. C'est peu dire que ce système basé sur la réflexion autant que sur le choc est intéressant, en ce sens qu'il fait du visiteur un acteur de son propre tourisme et l'invite à questionner ce qui l'entoure. Le lieu qu'il visite, évidemment, mais aussi sa place dans le monde et donc – forcément – la façon dont il voyage et se comporte dans les voyages. La boucle est bouclée.

Entre outils numériques, analyse des comportements, instillation de mécanismes pour les rendre plus utiles à la collectivité touristique et responsabilisation par les mots, *via* des chartes ou par des expériences telles que celles d'Aix ou de Berlin, plusieurs éléments convergent pour augmenter la responsabilisation des acteurs voyageurs du tourisme. En adoptant cette démarche, les États autant que les entreprises instaureront un lien de confiance accru avec les voyageurs et pourront ensuite déployer des outils de mesure du succès d'une politique culturelle de tourisme global d'une façon beaucoup plus complète et beaucoup plus profonde que la simple mesure d'un chiffre de fréquentation.

## Impliquer tous les acteurs institutionnels et économiques

Penser les outils numériques d'organisation et de planification ou de programmation des flux touristiques, responsabiliser les individus voyageurs, sont des étages primordiaux de la fusée vers un nouveau tourisme, mais, seuls, ces deux premiers éléments ne peuvent rien. C'est en leur adjoignant d'autres niveaux, ceux des acteurs publics et privés du tourisme, que le décollage fort, puissant et assuré aura lieu.

Cette construction passe donc par la mise en avant d'acteurs privés qui œuvrent concrètement dans le sens d'un tourisme responsable. Pour être juste, il est important de préciser qu'ils sont d'ores et déjà nombreux à s'être tournés vers cette dimension qui mêle agrément des vacances, réflexion sur la dimension écologique du voyage et proposition de sa compensation.

Plusieurs initiatives ont vu le jour. Ainsi, *TourMaG*, le magazine des professionnels du tourisme, a créé les Palmes du tourisme en 2017 afin de distinguer les entreprises les plus actives dans la prise en compte des dimensions sociétales, sociales et écologiques du tourisme. Parmi les lauréats de l'édition 2020 figurent par exemple Endallah, une agence qui promeut un tourisme familial en Tanzanie, une *start-up* solidaire, mais aussi un croisiériste de l'élite fortunée, Ponant, qui a décidé de supprimer les fuels lourds dans les combustibles de ses navires.

D'autres entreprises, non récompensées, vont plus loin. Parfois dans une direction saugrenue. Tel Manzalab, spécialiste des métavers et de la réalité virtuelle, qui prône un tourisme depuis son canapé. L'approche paraît intéressante, pour peu qu'elle n'annihile pas l'envie de départ mais plutôt l'entretienne, le temps de pouvoir réserver sa place dans telle ou telle région physique de la planète. Le PDG de la société de voyages Voyageurs du monde, qui promeut, elle, un tourisme de luxe, milite pour la mise en place de « taxes écologiques » destinées à compenser l'empreinte carbone des voyageurs. Son agence l'applique déjà et l'explique à ses clients.

La recherche et développement dans l'aérien et dans la mise en service d'avions non polluants, fonctionnant à l'hydrogène ou aux biocarburants, représente une autre voie à explorer, susceptible de nourrir à nouveau des envies de voyages lointains, déraisonnables en nombre de kilomètres parcourus, mais tellement dépaysants et revivifiants.

Les acteurs privés qui œuvrent dans l'économie du tourisme ont ainsi de nombreuses idées utiles à la réflexion sur une nouvelle politique culturelle du tourisme. Il conviendra de les associer comme aurant de facilitateurs et d'alliés dans la transformation des habitudes, des lieux et des façons de faire.

L'autre acteur clé dans cette construction est évidemment tout le tissu des acteurs institutionnels que sont les municipalités, les départements, les régions, les chambres de commerce, les offices du tourisme, etc.

Ils disposent de plusieurs outils dans leur besace pour accompagner voire pour susciter la révolution douce du tourisme. D'abord en imaginant, tel le conseil départemental de Mayenne, des concepts comme celui de *slow tourism*, qui invite à réfléchir à ce que chacun et chacune cherche en voyageant. Mais aussi en créant des événements réflexifs, en se positionnant en première ligne dans la sensibilisation au développement durable et à la mise en œuvre de circuits de tourisme responsables.

De même, les acteurs institutionnels ont le pouvoir d'imaginer des solutions innovantes pour rendre l'expérience du touriste comme celle de l'habitant local aussi bonnes l'une que l'autre. Cela en créant, par exemple, une nouvelle approche de la politique muséale : gratuité des musées pour les citoyens européens, instauration de jours ou d'horaires réservés aux habitants de la région où se situe le musée, amélioration de l'approche muséale pour rendre les visites plus intéressantes encore.

L'autre pan sur lequel les acteurs institutionnels peuvent et doivent travailler est celui de la mise en place d'une réflexion globale visant à établir les plans nécessaires quant à l'avenir de la politique culturelle du tourisme. Il leur faut ainsi dresser un état des lieux des forces et des faiblesses des différents territoires, identifier des objectifs pour le futur, détailler les moyens qu'ils peuvent mettre en œuvre et ceux qu'ils devront solliciter auprès des acteurs privés, voire des citoyens, et enfin, peut-être, réfléchir à la réunion de ces principes dans une forme de charte.

Reste à établir l'échelle politique approprié à cette démarche. Est-ce celle, « micro », du lieu touristique lui-même ? Est-ce celle du territoire ? Du pays, ou du continent ? L'intuition suggère qu'il conviendra de mixer l'ensemble de ces échelles en assignant une mission précise à chacune d'elles.

## Poser des interdits

Formuler une exclusion est toujours un échec. Pourtant, l'interdit est aussi un moyen de construire les identités. Peut-être est-il alors nécessaire, pour structurer l'identité de la nouvelle politique culturelle du tourisme, de réfléchir à la pose de barrières. Barrières qui seraient des outils de protection de lieux uniques mis en danger et en risque de disparition par la simple présence d'une activité touristique, même minime. Dans la pratique, cela pourrait consister à faire passer un parc naturel au statut de réserve naturelle. Dans le premier cas, il reste visitable par un petit nombre de gens ; dans le second, il est complètement fermé.

Au-delà d'interdit de certaines régions de la planète par sanctuarisation, il faudra peut-être envisager d'autres mesures plus prosaïques visant à la restriction des comportements qui salissent la notion même de voyage et de rencontre. Des villes comme Amsterdam, Budapest ou Prague en ont été les victimes, avec le mélange d'alcool, de sexe et de débauche qui, comme chacun sait, peut relever de la « formation de la jeunesse à travers les voyages », mais peut aussi être le déclencheur de rejet du tourisme et des touristes dans leur entièreté.

D'autres mesures simples, d'ordre public plus que de sanctuarisation, sont déjà envisagées ou appliquées à une échelle locale. Elles peuvent être généralisées ou pensées à une échelle plus grande, selon la politique globale du tourisme qu'un pays ou qu'une ville souhaite adopter. Ainsi, limiter la pénétration des cars de tourisme dans les villes est une mesure de bon sens, de même que réduire le nombre de navires de croisière qui, dans un laps de temps réduit, déversent des hordes de touristes pressés de tout voir et repartent aussitôt.

Poser des interdits suggère en fait un changement de paradigme. Depuis l'avènement du tourisme de masse, le principe qui prévalait était en substance le suivant : découvrez, défrichez, allez partout, cela ne peut être qu'un enrichissement.

Cela demeure vrai. Cette potentialité de voyages et de découvertes sans limites a cependant aussi conduit à l'avènement d'un monde où certains lieux clés de l'histoire humaine sont menacés de disparition pour cause de surfréquentation. De quoi inciter à un changement de paradigme qui pourrait se résumer de la façon suivante : rien n'est interdit, sauf lorsqu'un danger imminent pèse sur un monument ou un lieu qui devient alors un sanctuaire de l'humanité. Ici, l'avenir du tourisme sera parallèle à celui des Gafam, et les enjeux de régulation sont très semblables. La liberté des uns rencontre les contraintes des autres et liberté ne doit pas fusionner avec anarchie ou absence de règles, droit du plus riche et du plus fort.

De ce qui manquera, alors, découlera la perception de ce que fut le tourisme destructeur et de ce que pourrait être la nouvelle politique culturelle du tourisme. Changer de conception tant sur cette approche que sur toutes celles abordées dans cet ouvrage n'est pas une chose aisée ni rapide. Toutefois, il se dégage de l'étude menée ici que le choix ne se limite pas à une approche punitive, qui engendrerait tout simplement la fin du tourisme et de l'envie de voyage. Plusieurs solutions sont sur la table, certaines sont même déjà expérimentées avec succès, et d'autres vont venir de la détermination collective de tous les acteurs de la chaîne du tourisme : politiques, acteurs économiques et institutionnels, et citoyens voyageurs.

En définitive, il ne s'agit pas de voir le tourisme comme une succession d'interdits, mais bel et bien de le considérer comme le plus beau de nos loisirs, voire comme une utopie concrète qui globalement marche bien.

# Conclusion
# Le tourisme doit être une politique

Tout au long de cette réflexion, trois éléments nous ont guidés. D'abord, l'idée selon laquelle le voyage, cette envie d'ailleurs, cet amour des vacances, ne disparaîtra pas suite à la pandémie de Covid-19. Il ne faut surtout pas qu'il disparaisse, tant ces voyages, ces temps de vacances, ces façons de se projeter ailleurs, dans l'expérience des autres, sont l'outil de construction d'une urbanité planétaire, et même d'un commun culturel puissant qui permet à l'humanité, par instants, de tendre vers une forme de concorde universelle. Dans cette conviction que le tourisme est globalement positif pour l'humanité tout entière, une autre s'est glissée. Celle qu'un changement de paradigme est urgent pour améliorer, faire progresser et rendre plus intéressant encore notre amour des vacances. Changer de paradigme en coordonnant les efforts, en soupesant, tant individuellement que collectivement, les tenants et aboutissants de la décision de faire un voyage (niveau individuel) ou de créer une liaison aérienne ou construire de nouvelles résidences de vacances (niveau collectif).

Le deuxième élément qui a guidé la réflexion est celui de la mise en musique d'une véritable politique culturelle du tourisme. Pour cela, il est temps de fusionner les ministères du Tourisme et de la Culture, et de réunir autour d'une table l'ensemble des acteurs, sur le modèle de la Convention citoyenne pour le climat, afin de penser la politique du tourisme de la France jusqu'à 2030. Quels outils ? Quels acteurs ? Quels types d'expériences pour les touristes ? Et surtout, surtout, quelle philosophie d'accueil et d'hospitalité ? Une fois que la démarche française sera esquissée, il conviendra, évidemment, de la confronter à celles des partenaires européens et de tenter le même genre d'exercice avec eux. C'est aussi au niveau de l'Union européenne que les voies de réinvention d'un tourisme à la fois plus durable, plus réflexif, plus authentique et plus tourné vers les utilisateurs, qu'ils soient proches ou lointains, se dessineront et pourront réellement atteindre une dimension politique globale de l'approche touristique.

Il est difficile de comprendre pourquoi une activité qui pèse pour 10 % du PIB et d'un poids encore plus fort dans l'image mondiale de la France reste cantonnée dans un sous-ministère rattaché au ministère des Affaires étrangères, sans service de recherche ni même d'études – hors Atout France. Alors qu'il y a tant d'acteurs économiques, institutionnels, culturels, associatifs et citoyens à réunir pour jouer la même partition.

Le roman de Michel Houellebecq *La Carte et le territoire*, prix Goncourt 2010[1], dans lequel l'auteur imagine une France déclassée transformée en parc d'attractions touristique géant n'a peut-être pas complètement aidé dans l'évolution de la conception que le pays se fait de lui-même et de son tourisme. Il y a, au contraire, une certaine fierté à être le pays le plus visité du monde. Elle en sera d'autant plus grande si les touristes y vivent une expérience plus agréable, mieux gérée, mieux pensée et mieux imbriquée dans l'environnement

1. Michel Houellebecq, *La carte et le territoire*, Paris, Flammarion, 2010.

local, sans en oublier les habitants. Cette idée de l'avènement d'une politique culturelle du tourisme, hexagonale, européenne, voire mondiale, est la mère de toutes les batailles. Tant que le tourisme restera envisagé comme la gestion d'un flux qu'il faut accroître à tout prix, alors il abîmera la planète… et sera voué à finalement disparaître sous la pression des nouvelles visions du monde qui émergent.

La troisième idée qui irrigue cette réflexion est celle qui envisage le tourisme comme un bienfait pour chacune et chacun, en ce sens qu'il décentre, qu'il ouvre à l'autre, qu'il est un pas de côté dans les habitudes et les façons de penser que l'être humain construit chaque jour. Mieux : le tourisme est un langage, une façon de rapprocher les hommes et les femmes du monde, qui permet aussi de faire la paix. Triomphe d'une utopie, celle d'une société où le temps de loisirs est en équilibre avec le temps de travail et où se rencontrent les arts, les cultures, les hommes. Certes, l'idéal n'est pas encore atteint. Il est une cible mouvante, et il est nécessaire de bien percevoir le réel pour aller vers cette complétude. Connaître, décrire et comprendre la réalité de la situation touristique pour construire une sorte d'excellence, c'est ce qui a animé notre réflexion tout au long de ces pages.

Reste une interrogation : faut-il être optimiste quant à l'avenir du tourisme et quant à sa réinvention, ou bien tout va-t-il recommencer comme avant l'interruption due au Covid-19, et les dégâts, s'amplifier ? Le pire est toujours possible, mais, heureusement, l'espoir guide toutes celles et tous ceux qui savent désormais combien cette deuxième peau du monde est essentielle à nos vies. Michel de Montaigne a été pour ainsi dire démocratisé et mondialisé. Mais une peau, cela s'entretient, se soigne, se modifie avec l'expérience, aussi. C'est un organisme vivant. Le regard est donc résolument optimiste pour peu que l'on envisage cet avenir sous l'égide d'une politique avec un grand P, aux différentes dimensions des territoires, du plus proche au plus global, et en unifiant dans une même perspective voyage, vacances, culture et loisirs. Autrement dit, en ayant compris que l'on peut penser et mettre en œuvre une société en partant de l'art de vivre et pas seulement de l'art de produire. Une perspective évidemment inséparable d'un projet de société écologique.

# Pour que le voyage, à nouveau, remplace le tourisme

*Jean Blaise*

Dès l'origine, nommer notre structure, dédiée au développement du tourisme de la métropole, Le Voyage à Nantes, n'était bien évidemment pas un hasard.

Il ne s'agissait pas simplement de se débarrasser d'un mot qui, au fil des siècles, avait perdu de sa noblesse au profit d'un autre qui avait su conserver la sienne, mais de montrer immédiatement que nous allions encourager des pratiques stimulant la curiosité, la connaissance, la découverte d'une ville, pas seulement par l'approche de son patrimoine, mais aussi par celle d'installations de créateurs conviés à l'interpréter.

Par le mot « voyage », nous suggérions une approche intelligente et active de notre offre, alors que le mot « tourisme » évoque, depuis la naissance du tourisme de masse, des comportements suivistes et inertes lors de déplacements absurdes.

Par ailleurs, déjà, il y a dix ans, nous nous préoccupions – surtout les plus jeunes d'entre nous – d'une démarche durable quant à la production des œuvres, des expositions et de l'entretien de notre patrimoine.

Il ne s'agissait pas de proposer seulement la consommation de beauté, mais la compréhension de la transformation d'une ville dans une démarche contemporaine. Sur le fond, l'offre que nous avons enrichie et affinée au fil d'une décennie n'est pas obsolète.

C'est sur les « cibles » et la manière de les atteindre que nous avons à réfléchir.

Le tourisme chinois, nous en avons rêvé...

Bien sûr, nous avons procédé par cercles concentriques en nous adressant d'abord aux touristes potentiels de notre région, puis à ceux des autres grandes métropoles françaises, puis de la région parisienne, puis des pays européens de la côte ouest (Espagne et Grande-Bretagne), puis des pays européens limitrophes à la France, et, enfin, nous nous sommes lancés au grand international depuis trois ans en commençant par prospecter en Chine, en Corée du Sud, au Japon et en Amérique du Nord.

Nous avons lancé des campagnes de communication dans les métropoles françaises et européennes reliées en direct à Nantes par le train ou l'avion.

La question se pose donc aujourd'hui de savoir si notre stratégie de communication doit privilégier voire se limiter à la France et aux villes européennes desservies par les transports ferroviaires.

Doit-on, pour tenir une approche vertueuse du tourisme, nous priver de ce qui en a fait la substance à sa naissance, au XVIIe siècle : la découverte de cultures différentes, de comportements « curieux », la rencontre de l'Autre ?

Doit-on repenser le « tourisme de proximité », qui a constitué, dans la période que nous venons de vivre, l'essentiel de notre visitorat ?

Dans ce cas, ne peut-on craindre un phénomène d'enfermement, de rétrécissement, de repli sur soi ?

Décidons-nous d'attendre la réalisation de l'avion électrique et du paquebot à voiles pour le grand public d'ici quinze ans avant de renouer avec le grand international ?

Toutes ces questions nous empêchent d'adopter l'attitude de la fuite en avant et nous obligent à une réflexion obsessionnelle sur des comportements plus responsables et plus créatifs. Peut-on rendre encore plus exigeante la qualité de notre offre ainsi que la manière de l'approcher, et en même temps travailler à ce qu'elle soit de plus en plus populaire ? Relever ces paradoxes, c'est au moins approcher les solutions.

Jean Blaise
Directeur de la SPL Le Voyage à Nantes
mars 2021

# Remerciements

Les auteurs de cet ouvrage tiennent à remercier les organisateurs du Voyage à Nantes, en particulier Xavier Théret, pour leur autorisation à écrire ce livre à partir du colloque « Le tourisme du futur ».

## Annexe
## Colloque « Tourisme du futur »
## Septembre 2021, Nantes

**Au programme**

Une animation complète du colloque par Jean Viard, sociologue.

**Lundi 6 septembre, après-midi**

Introduction par Johanna Rolland, maire de Nantes, présidente de Nantes Métropole. Présentation par Jean Blaise, directeur du Voyage à Nantes.

Petit résumé de l'histoire du tourisme moderne par Jean Viard.

Interprété en LSF, langue des signes française.

**Table ronde 1. Quel transport demain ?**

Le transport est un sujet majeur et souvent considéré comme la nuisance numéro un du secteur touristique, avion en tête – qu'il est facile de condamner ; pour autant, la mobilité est indispensable; comment imaginer un secteur plus vertueux, de nouvelles pratiques, voire retrouver une certaine lenteur ?

Intervenants :

Marc Hamy, vice-président d'Airbus en charge des affaires générales, du développement durable et de l'environnement. *L'avion sans $CO_2$ en 2030.*

Rodolphe Christin, sociologue, essayiste. *Préférer le chemin à la destination.*

Agnès Ogier, directrice TGV Atlantique, SNCF. *Quelle accessibilité ferroviaire pour Nantes ?*

Interprété en LSF.

**Table ronde 2. Surtourisme ou problème de flux ?**

Le surtourisme n'est-il pas avant tout un problème de mauvaise répartition des flux ? Quelles techniques et méthodes pour mieux réguler, mieux répartir – quel est le rôle des réseaux sociaux dans tout cela ?

Intervenants :

Introduction par Doug Lansky, leader d'opinion en développement touristique.

Xavier Marcé, adjoint au tourisme et aux industries créatives, mairie de Barcelone. *Surtourisme : quelle stratégie pour demain ?*

Signe Jungersted, cofondatrice et associée du groupe NAO. *L'impact des réseaux sociaux.*

**Mardi 7 septembre, matin**

Ouverture de la deuxième journée par Jean Blaise.

Lecture sur le thème du voyage.

**Table ronde 3. Comment un tourisme vertueux est-il possible ?**

Le tourisme peut être une grande source de bienfaits, à nous de lui redonner du contenu, de l'enrichir, de le rendre plus vertueux – maîtrisé, il est un magnifique vecteur de rencontres, d'apprentissage, de mixité ! Il peut être jubilatoire même ! Sans lui, ne risquons-nous pas l'ennui ?

Intervenants :

Marie-Julie Gagnon, autrice, chroniqueuse et journaliste québécoise. *Que reste-t-il de nos voyages ?*

Charles Pépin, philosophe. *Voyager, c'est habiter poétiquement le monde.*

Saskia Cousin, anthropologue. *Le tourisme marchandise le monde.*

Pascale Schuddings, directrice France à VISIT FLANDERS. *Le projet « Tourism Transforms ».*

**Table ronde 4. Tourisme et politiques culturelles**

Quelle relation entre tourisme et culture, comment exciter la curiosité, stimuler la promotion, renouveler l'intérêt, fidéliser, construire l'image ? L'avis des experts.

Intervenants :

Jean Blaise, directeur du Voyage à Nantes.

Jean de Loisy, critique d'art et commissaire d'exposition, spécialiste de l'art moderne et contemporain.

Adel Ziane, directeur des relations extérieures, Le Louvre.

**Mardi 7 septembre, après-midi**

**Atelier. Rencontres professionnelles : évolution ou révolution ?**

Qu'est-ce qui justifie aujourd'hui de se déplacer sur un événement physique plutôt que de faire du distanciel ? Quelles sont les qualités nécessaires des destinations/lieux d'événements pour attirer ? Les événements internationaux : quelle valeur pour un territoire ?

Animateur : Clément Lesort.

Anthony Fauré, directeur marketing et innovation chez Unimev.

Elvire de Challus, directrice générale, Colloquium.

Mélanie Delaplanche, fondatrice de Sustainability Addict.

**Conclusions du colloque**

Les différents échanges permettront ainsi de dresser le portrait du visiteur de demain, de s'interroger sur les pratiques touristiques et leurs impacts, de réfléchir à la valorisation de l'offre nantaise et à ce qui doit rester le moteur de notre singularité.

Toute cette réflexion donnera ensuite lieu à différents chantiers de travail et d'échanges autour de la mise en place d'une stratégique touristique à laquelle l'ensemble des acteurs locaux pourra prendre part et, pourquoi pas, imaginer, dans un futur proche, le « manifeste du tourisme nantais » autour d'une charte fondée sur de réels engagements.

## Liste des auteurs cités

Jean Blaise
Elvire de Chalus
Rodolphe Christin
Mélanie Delaplanche
Saskia Cousin
Anthony Fauré

Marie-Julie Gagnon
Marc Hamy
Doug Lansky
Clément Lesort
Jean de Loisy
Xavier Marcé Carol
Agnès Ogier
Charles Pépin
Johanna Rolland
Peter Rømer Hansen et Signe Jungersted
Pascale Schuddings
Adel Ziane

## Table des matières

Reconnue d'utilité publique dès sa création, la Fondation Jean-Jaurès est la première des fondations politiques françaises. Indépendante, européenne et sociale-démocrate, elle se veut depuis trente ans un lieu de réflexion, de dialogue et d'anticipation. Les partenariats éditoriaux qu'elle engage répondent à l'ambition de faire naître analyses pertinentes et propositions audacieuses, mais aussi de mettre cette production intellectuelle et politique au service de tous. Gilles Finchelstein et Laurent Cohen sont directeurs des publications de la Fondation Jean-Jaurès.

## En coédition avec la Fondation Jean-Jaurès (extrait)

Vincent Aubelle, Émeric Bréhier, Jean-Paul Planchou, *Comment fonder la République décentralisée ?*

Richard Bouigue, Pierre Rondeau, *Le foot va-t-il exploser ? Pour une régulation du système économique du football*

Antoine Bristielle, *Que veulent les Français ? L'opinion publique dans tous ses états*

Jean-Laurent Cassely, Thierry Germain (dir.), *La France qui vient. Cahier de tendances 2020*

Jean-Laurent Cassely, Pierre Hurmic, Anne-Claire Ruel, Elena Scappaticci, *J'ai piscine. La France heureuse*

Xavier Crettiez, Bilel Ainine, *« Soldats de Dieu ». Paroles de djihadistes incarcérés*

Julien Damon, *Inconfinables ? Les sans-abri face au coronavirus*

Emmanuel Dupont, Édouard Jourdain, *Les nouveaux biens communs ? Réinventer l'État et la propriété au* XXI*e* *siècle*

Jean-Marie Durand, Thierry Germain (dir.), *Cahier de tendances 2021. Les personnes, les objets, les lieux et les idées qui vont tout changer*

Ismail Ferhat (dir.), *Les Foulards de la discorde. Retours sur l'affaire de Creil 1989*

Ismail Ferhat, *Des discriminations sous-estimées ? Les musulmans en France*

Richard Ferrand, *Nos lieux communs. Petit traité républicain à l'usage des démocrates*

Jérôme Fourquet (dir.), *Karim vote à gauche et son voisin vote FN*

Jérôme Fourquet, Sylvain Manternach, *L'An prochain à Jérusalem ? Les Juifs de France face à l'antisémitisme*

Mathieu Fulla, Marc Lazar, *Les socialistes européens et l'État (xxe-xxie siècle). Une histoire transnationale et comparée*

Adeline Hazan, Adrien Taquet, *La prison, alpha et oméga de la punition ?*

Hervé Le Bras, *Serons-nous submergés ? Épidémie, migrations, remplacement*

Hervé Le Bras, *Le grand enfumage. Populisme et immigration dans sept pays européens*

Guillaume Lecointre, Sarah Proust (dir.), *Le Fait en question*

Raphaël LLorca, *Les nouveaux masques de l'extrême droite. La radicalité à l'ère Netflix*

Gilles Luneau, *Steak barbare. Hold-up végan sur l'assiette*

David Ménascé, Pierre Victoria, *Entreprises et territoires : nouvelle alliance ?*

Nicolas Monceau, *Turquie : un dilemme européen ?*

Cas Mudde, Cristóbal Rovira Kaltwasser, *Brève introduction au populisme*

Anne Muxel, *Politiquement jeune*

Anne Muxel, Adélaïde Zulfikarpasic, *Les Français sur le fil de l'engagement*

Sarah Proust, *Télétravail : la fin du bureau ?*

Pierre Rondeau, *Fin de partie pour le foot ?*

Collectif Télémaque, *La gauche du réel. Un progressisme pour aujourd'hui*

Jean Viard, *Un nouvel âge jeune ? Devenir adulte en société mobile*

Jean Viard, *La révolution que l'on attendait est arrivée*

Ouri Weber, *La gauche en Israël. Dialogue entre générations*

Retrouvez notre catalogue sur
www.editionsdelaube.com

Pour limiter l'empreinte environnementale
de leurs livres, les éditions de l'Aube
font le choix de papiers issus de forêts
durablement gérées et de sources contrôlées.

Achevé d'imprimer en mai 2022
sur les presses de l'imprimerie Firmin-Didot
pour le compte des éditions de l'Aube
331, rue Amédée-Giniès,
F-84240 La Tour d'Aigues

Numéro d'édition : 4953
Dépôt légal : juin 2022
Numéro d'impression : 170186

*Imprimé en France*